XIANG XI TE SE
DAO DI YAO CAI

湘西特色道地药材种植技术指南

ZHONG ZHI JI SHU ZHI NAN

彭　晖　彭　云　蒋　龙
向　晟　龚发武　黄泽明　◎编著

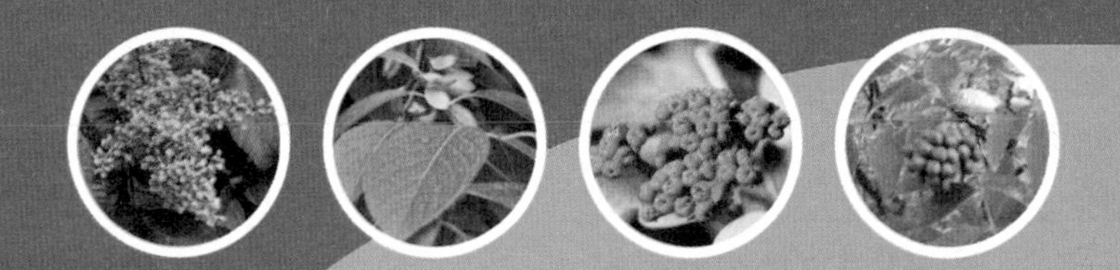

辽宁科学技术出版社
LIAONING SCIENCE AND TECHNOLOGY PUBLISHING HOUSE

图书在版编目(CIP)数据

湘西特色道地药材种植技术指南 / 彭晖等编著. —沈阳：辽宁科学技术出版社，2023.2
ISBN 978-7-5591-2845-4

Ⅰ.①湘… Ⅱ.①彭… Ⅲ.①药用植物-栽培技术-指南 Ⅳ.①S567-62

中国版本图书馆 CIP 数据核字(2022)第 237395 号

出版发行:辽宁科学技术出版社
（地址:沈阳市和平区十一纬路 25 号　邮编:110003）
印 刷 者:长沙市精宏印务有限公司
经 销 者:各地新华书店
幅面尺寸:142mm×210mm
印　　张:4
字　　数:100 千字
出版时间:2023 年 2 月第 1 版
印刷时间:2023 年 2 月第 1 次印刷
责任编辑:胡嘉思
责任校对:张　晨
装帧设计:云上雅集

书　　号:ISBN 978-7-5591-2845-4
定　　价:58.00 元
编辑电话:024-23284365
邮购热线:024-23284502

湘西土家族苗族自治州位于武陵山区腹地，生物多样性异常丰富，有维管束植物2206种，其中药用植物980余种，是金银花、野生杜仲、黄连、厚朴等19种国家名贵药材的传统产地，堪称“中药材宝库”。

2021年，国家出台耕地保护政策，遏制耕地“非农化”和严格管控耕地“非粮化”，这可能会造成我国耕地中药材的面积大量减少。2021年5月12日，习近平总书记在河南南阳考察时说：“中华民族几千年都是靠中医治病救人，特别是经过抗击新冠肺炎疫情、非典等重大传染病之后……我们要发展中医药……”中医药越来越得到重视，中药材的需求量将越来越大，耕地的严格管控可能会导致中药材供不应求，预计中药材的价格将普遍上涨，中药材的栽培发展迎来了契机。

湘西土家族苗族自治州是全国精准扶贫首倡之地，在实现全面脱贫后，州委、州政府提出了将湘西打造成全国脱贫地区乡村振兴先行示范区的发展思路。湘西有占州域面积70%左右的林地，有巨大的中药材种植发展空间，立地条件优良，特别适合林下药材种植。杜仲、吴茱萸、厚朴等药材在湘西野生分布广，药效成分含量高，临床运用疗效好。在乡村振兴中，引导广大农户因地制宜地发展种植三木药材（杜仲、厚朴、川黄柏）、吴茱萸、金银花等造林及林下药材，如黄精、重楼（七叶一枝花）、淫羊藿、黄连、虎杖等，将为广大林农开辟一条致富的捷径，探索产业振兴的突破口，为乡村培育支柱产业，促进城乡协调发展。中药材产业因市场价起伏、波动大，种植药材在可能获得高效益的同时，也伴随着高投入、高风险。广大农户在发展中药材时，必须对市场风险有足够的认识与承受能力。因此，药材的市场供求信息对种植药材获取收益将起到关键性作用。

编著者在对湘西土家族苗族自治州中药材发展状况进行较长期、全面、深入的调查研究的基础上，整理了一些种植大户的相关经验，收集了川黄柏等10余种药材的栽培技术。本书可作为中药材种植的生产指导书，也可供药用植物开发利用管理与技术人员参考。本书在编著过程中参阅和引用了有关专家、学者的著作、资料及图片，也得到了湘西土家族苗族自治州产业链推进领导小组办公室、吉首大学、湘西土家族苗族自治州林业局等的大力支持，在此一并深致谢意。由于中医药博大精深，中药材产业涉及面广、专业性强，编者水平有限，加之时间仓促，不足之处是难免的，敬请各位读者批评指正。

编著者

2021年6月

目录 Contents

一　川黄柏

一、形态特征

川黄柏为芸香科黄檗属落叶乔木，高25米，胸径约50厘米。别称:檗木、黄檗木、黄柏等。树皮灰褐色至黑灰色，木栓层发达，柔软，内皮鲜黄色；奇数羽状复叶，对生或近互生；花单性，花小，黄绿色，雌雄异株，聚伞状圆锥花序顶生；浆果状核果近球形，成熟时黑色，有特殊香气与苦味；种子半卵形，带黑色。川黄柏产于湖南、湖北、云南、四川、贵州等地，生于海拔600—1700米山地，喜光，喜温凉湿润气候，适合肥沃酸性土质，也常于房前屋后四旁种植。

川黄柏树干及枝叶图片

二、药用价值

川黄柏树皮内层经炮制后入药，主要成分为小檗碱（黄连素）。味苦，性寒。清热解毒，泻火燥湿。主治急性细菌性痢疾、急性肠炎、急性黄疸性肝炎、泌尿系统感染等炎症。外用治火烫伤、中耳炎、急性结膜炎等。川黄柏的小檗碱含量明显高于关黄柏。

三、市场前景

川黄柏为传统中药材，一般15—20年采收，周期较长，当前资源消耗较大，市场供不应求，价格可观，发展前景好。

四、栽培技术

（一）采种

选择生长快，树皮产量高、稳定，树冠发育正常，无病虫害未剥皮的雌株作为采种母树。留种母树要从15年生以上普遍开花结实的川黄柏林中选择。采种时间一般在10—11月。川黄柏种子采集有较强的季节性，一般以果实由绿变黄褐而呈紫黑色、果实外皮尚未开裂前采摘为好。海拔1500米以上的种子发育时易出现“空胚”，采种须慎重。

川黄柏果皮较厚，采后要堆放10~15天，待其果实腐烂变黑时，用手揉搓取出种子，经漂洗、选种后即可播种。揉搓之前在手上涂抹油脂或戴胶手套，因为川黄柏果肉黏性很强，粘在手上极难清洗。如春播，川黄柏种子应用湿沙藏法埋土保存。

川黄柏果实及种子图片

（二）育苗

川黄柏主要用种子繁殖，春播或秋播。春播宜早不宜晚，一般在3月上、中旬，播前先用水洗法选种，用5%的生石灰水浸泡1小时消毒，再用50℃温水浸种1天，然后用常规法催芽10天，待种子裂口后，按行距30厘米开沟条播。播后覆土，耧平，稍加镇压、浇水。忌5月春播，几乎不出苗。秋播11月进行，播前20天浸润种子，待种皮变软后播种。

每亩（1亩＝666.67平方米）用种2~3千克。一般4—5月出苗，培育1—2年后，当苗高40~70厘米时，即可移栽。时间在冬季落叶后至翌年新芽萌动前，将幼苗带土挖出，剪去根部下端过长部分，每穴栽1株，填土一半时，将树苗轻轻往上提，使根部舒展后再填土至平，踏实，浇水。

（三）田间管理

1.间苗、定苗。苗齐后应拔除弱苗和过密苗。一般在苗高7~10厘米时，按株距3~4厘米间苗，在苗高17~20厘米时，按株距7~10厘米定苗。

2.中耕除草。一般在播种后至出苗前，除草1次，出苗后至郁闭前，中耕除草2次。定植当年和后2年内，每年夏秋两季应中耕除草2~3次，3~4年后，树已长大，只须每隔2~3年在夏季中耕除草1次，疏松土层，并将杂草翻入土内。

3.追肥。在育苗期，结合间苗、中耕除草应追肥2—3次，每次每亩施人畜粪水2000~3000千克，夏季在封行前也可追施1次。定植后，于每年入冬前施1次农家肥，每株沟施10~15千克。

4.排灌。播种后出苗期间及定植半月以内，应经常浇水，以保持土壤湿润，夏季高温期应及时浇水降温，以利幼苗生长。郁闭后，可适当少浇或不浇。土家族苗族自治州5—7月降雨集中，多雨积水时应及时排除，以防烂根，一般积水3天开始导致川黄柏苗烂根。

（四）病虫害防治

1.锈病。5—6月始发，为害叶片。防治方法：发病初期用敌锈钠400倍液或25%粉锈宁700倍液喷雾。

2.花椒凤蝶。5—8月发生，为害幼苗叶片。防治方法：利用天敌，即寄生蜂，抑制花椒凤蝶发生；在幼龄期，用90%敌百虫800倍液或BT乳剂300倍液喷施。此外，尚有地老虎、蚜虫和蛞蝓等为害，应注意防治。以上两种药对蜜蜂均有高毒性，应注意对蜜蜂的保护，一般关蜂打药，打药1天后再放蜂或将蜂箱移到安全处。

特别提醒：本书后面各种药材在防治病虫害施药时，应注意防范农药对人、畜、禽、蜂、蚕、鱼等危害。同时，尽量采取生物措施、物理措施、有机措施来防治病虫害，确保药材种植无公害。

锈病与花椒凤蝶图片

（五）采收储藏

定植15—20年采收，5月上旬至6月上旬用半环剥或环剥、砍树等方法剥皮。目前多用环剥，可在夏初的阴天，日平均温度在22—26℃，此时形成层活动旺盛，再生树皮容易。

选健壮无病虫害的植株，用刀在树段的上下两端分别围绕树干环割一圈，再纵割一刀，切割深度以不损伤形成层为宜，然后将树皮剥下，喷0.001%浓度的吲哚乙酸（对蜜蜂无毒），再把略长于树段的小竹竿缚在树段上，以免塑料薄膜接触形成层，外面再包塑料薄膜两层，可促使再生新树皮。第3—4年可再次剥皮，但产量略低于第1年。注意剥皮后一定要加强培育管理，使树势很快复壮，否则会出现衰退现象。对于剥下的皮，趁鲜刮掉粗皮，晒至半干，再叠成堆，用石板压平，再晒至显黄色，不可伤及内皮，刷净晒干，放置干燥通风处，防霉变色。直接出售鲜皮时可不刮掉粗皮。

参考文献

[1] 祁承经，汤庚国.树木学南方本[M]，北京：中

国林业出版社，1994.

［2］国家药典委员会.中华人民共和国药典（一部）［M］. 北京：化学工业出版社，2000：214.

［3］叶萌，徐义君，秦朝东.黄柏规范化育苗技术［J］. 林业科技开发，2005，19（1）：56-58.

［4］柳长华. 神农本草经［M］. 北京：科学技术文献出版社，1996：39.

［5］郎剑锋，朱天辉，叶萌. 川黄柏锈病的初步研究［J］. 四川林业科技，2004，25（4）：40-43.

［6］王永军，王善民 . 花椒凤蝶不同处理防治效果试验 [J] . 现代农村科技 . 2015（21）.

［7］韩学俭 .黄柏的采收加工与商品规格 [J] . 特种经济动植物 . 2004（3）.

二 厚朴

一、形态特征

厚朴为兰科木兰属落叶乔木，高达20米，胸径达40厘米。别称：紫朴、川朴、温朴等。湘西常见有尖叶厚朴与凹叶厚朴两种。树干通直，树皮厚，紫褐色。叶大，近革质；花白色、粉红色，花期5—6月；聚合果长圆状卵圆形，果期8—10月。凹叶厚朴与尖叶厚朴相比，二者不同之处在于凹叶厚朴叶先端凹缺，有钝圆的浅裂片，但幼苗之叶先端钝圆，并不凹缺。厚朴产于陕南、甘东南、豫东南、鄂西、湘西南、川东、贵东北，为中国特有的珍贵树种。分布于海拔300~1700米山地，若海拔更高，虽能生长开花，但种子常不成熟，因此采种时应注意海拔高度。喜光，性喜凉爽、潮湿的气候。宜生于雾气重，相对湿度稍大，而又阳光充足的地方。喜疏松、肥沃、含腐殖质较多、湿润、排水良好、呈微酸性至中性的土壤，一般以山地夹沙土、油沙土和石灰岩形成的冲积钙质土栽培为宜。土家族苗族自治州古丈县高望界乡有野生厚朴发现。

凹叶厚朴花图片

二、药用价值

树皮、根皮、花、种子及芽皆可入药，以树皮为主，为著名中药，有化湿导滞、行气平喘、化食消痰、温中止痛、降逆平喘、驱风镇痛之效。厚朴煎剂对葡萄球菌、链球菌、志贺菌、巴氏杆菌、霍乱弧菌有较强的抗菌作用，而且对横纹肌强直也有一定的缓解作用。厚朴提取物的主要成分是厚朴酚和厚朴醛，土家族苗族自治州凹叶厚朴的厚朴酚含量在2.5%左右，尖叶厚朴的厚朴酚含量一般在3.8%以上。因此，尖叶厚朴皮的价格要高于凹叶厚朴皮。

三、市场前景

6—16年生厚朴皮增长最快，栽植12年左右即可采收，这时其酚类含量基本稳定，栽培时间越长，入药的树皮、根皮产量越高，厚朴酚含量亦越高，价值越高。据龙山县一长期经营厚朴的种植大户介绍，一般12年左右生的厚朴，每株树皮价值至少100元，同时根皮价值为树皮的2倍。据调查，在龙山县相同立地条件下，凹叶厚朴比尖叶厚朴长势稍快。厚朴资源当前消耗量较大，市场供不应求，价格可观。

四、栽培技术

（一）繁殖方法

1.种子繁殖。在10月中下旬果实成熟时，选择15年生以上未剥皮的健壮母树采收种子，即当果壳露出红色种子时，连果柄采下，趁鲜脱粒，趁鲜播种，或用湿沙子贮放至翌年春季播种。

厚朴种子图片

种子处理：

（1）浸种48小时后，用沙搓去种子表面的蜡质层。

（2）浸种24~48小时，盛进竹箩，在水中用脚踩去蜡质层。

（3）用浓茶水浸种24~48小时，搓去蜡质层。

以条播为主，行距为25~30厘米，粒距5~7厘米，施足饼肥、厩肥做底肥，耙细耙平，播后覆土、盖草，也可采用撒播。每亩用种15~20千克。一般3—4月出苗，1—2年后，当苗高30~50厘米时即可移栽，在10—11月落叶后或2—3月萌芽前，每穴栽苗1株，浇足定根水。

2.压条繁殖。在11月上旬或2月选择生长10年以上成年树的萌蘖，横割断蘖茎一半，向切口相反方向弯曲，使茎纵裂，在裂缝中央夹一小石块，用树杈固定，培土覆盖。翌年生多数根后割下定植。

3.扦插繁殖。在2月选径粗1厘米左右的1—2年生枝条，下端剪成长约20厘米的马耳形插条，插于苗床中，遮阴，适时浇水，苗期管理同种子繁殖期，翌年移栽。

（二）田间管理

种子繁殖出苗后，要经常拔除杂草，并搭棚遮阴。每年追肥1~2次；多雨季节要防积水，以防烂根。定植后，每年中耕除草2次，林地郁闭后一般仅于冬季中耕除草，培土5次。结合中耕除草进行追肥，以农家肥为主，在幼树期除需压条繁殖外，应剪除萌蘖，以保证主干挺直、快长。

（三）选地整地

以疏松、富含腐殖质、呈中性或微酸性的砂质壤土为好，山地黄壤、红黄壤也可种植，黏重、排水不良的土壤不宜种植。深翻、整平，按株行距3米×4米或3米×3米开穴，穴深40厘米，50厘米见方，备栽。

（四）病虫害防治

1.叶枯病。为害叶片。防治方法：清除病叶，发病初期用1 ∶ 1 ∶ 100波尔多液喷雾。

2.根腐病。苗期易发，为害根部。病初用50%托布津1000倍液浇灌。

3.立枯病。苗期多发。发病时用50%多菌灵1000倍液浇灌。

4.褐天牛。幼虫蛀食枝干。防治方法：捕杀成虫，树干刷涂白剂防止成虫产卵，用80%敌敌畏乳油浸棉球塞入蛀孔毒杀。

5.褐边刺蛾和褐刺蛾。幼虫咬食叶片，可喷90%敌百虫800倍液或BT乳剂300倍液毒杀。

6.白蚁。为害根部。可用灭蚁灵粉毒杀，或挖巢灭蚁。

褐天牛与褐刺蛾图片

（五）采收与加工

厚朴一般20年以上剥皮，宜在4—8月生长旺盛时，砍树剥取干皮和枝皮，对不进行更新的可挖根剥皮，也可保留根部，培育萌芽条更新，然后3~5段卷叠成筒，运回加工。也可用环剥法：选择树干直、生长势强、胸径达20厘米以上的树，于阴天（相对湿度最好为70%~80%)进行环剥。先在离地面6~7厘米处，向上取一段30~35厘米长的树干，在上下两端用环剥刀绕树干横切，上面的刀口略向下，下面的刀口略向上，深度以接近形成层为宜。然后按“丁”字形纵割一刀，在纵割处将树皮撬起，慢慢剥下。长势好的树，一次可以同时剥2~3段，被剥处用透明塑料薄膜包裹，保护幼嫩的形成层，包裹时上紧下松，要尽量减少薄膜与木质部的接触面积，在整个环剥操作过程中手指切勿触到形成层，避免形成层可能因此坏死。剥后25~35天，待被剥皮部位新皮生长，即可逐渐去掉塑料薄膜。第2年，又可按上法在树干其他部位剥皮。阴干法：将厚朴皮置于通风干燥处，按皮的大小、厚薄的不同分别堆放，经常翻动，大的尽量卷成双筒，小的卷成筒，然后将两头锯齐，放过三伏天后，一般均可干燥。切忌将皮置于阳光下暴晒或直接堆放在地上。水烫发汗法：剥下的厚朴皮自然卷成筒状，以大筒套小筒，每 3~5筒套在一起，将套筒直立放入开水锅中淋烫，至皮变软时取出，用青草塞住两端，竖放在大小桶内或屋角，盖上湿草或棉絮、麻袋等使之发汗。待皮内表面及横断面变为紫褐色至棕褐色并出现油润光泽时，取出套筒，分开单张，用竹片或木棒撑开晒干。亦可用甑子蒸软，取出卷筒，用稻草捆紧中间，修齐两头，晒干。夜晚可将皮架成“井”字形，易于干燥。厚朴花可以芳香化湿，理气宽中，对于脾胃湿气过胜，具有非常好的调整作用。可以辅助治疗肚子发胀、疼痛，还有大便不成形、周身乏力等体内湿气过重的情况，也具有降低血压的作用。一般定植5~8年后开始开花，如需收花，则于花将开放时采收花蕾，先蒸10多分钟，取出铺开晒干或烘干。也可以置沸水中烫一下，再行干燥。

参考文献

[1] 祁承经，汤庚国.树木学南方本[M]，北京：中

国林业出版社，1994.

［2］国家药典委员会.中华人民共和国药典（一部）［M］. 北京：化学工业出版社，2000：235-236.

［3］叶火宝，程友亮，叶起祥.厚朴育苗造林技术［J］.中国林副产品，2009（4）：44-45.

［4］陈瀚林.厚朴种苗繁育栽培技术浅析［J］.科学种养，2015（2）：58.

三 杜仲

一、形态特征

杜仲为杜仲科落叶乔木，高达20米，胸径可达40厘米。又名胶木，树皮灰褐色，粗糙，内含橡胶，折断拉开有多数细丝。叶椭圆形、卵形或矩圆形，薄革质。花生于当年枝基部，雄花无花被，雌花单生，苞片倒卵形，坚果。杜仲是中国的特有种，产陕西、甘肃、河南、湖北、四川、云南、贵州、湖南、安徽、江西、广西及浙江等省区。杜仲是土家族苗族自治州传统药材，有野生杜仲发现。一般分布在海拔300~1300米之间，喜光，耐寒性强，对土壤等立地条件有广泛的适应性，雌雄异株，萌芽力极强。迄今已在地球上发现的杜仲属植物多达14种，后来它们在北美和欧洲相继灭绝。存在于中国的杜仲是杜仲科杜仲属仅存的孑遗植物，它不仅有很高的经济价值，而且在研究被子植物系统演化以及中国植物区系的起源等诸多方面都具有极为重要的科学价值。

杜仲与树皮图片

二、药用价值

皮入药，主治腰膝痛，补中，益精气，坚筋骨，除阴下痒湿、小便余沥。久服，轻身耐老。杜仲是中国特有的药材，其药用历史悠久，在临床有着广泛的应用。杜仲含有15种木脂素、17种氨基酸、21种微量元素，是中、老年人及宇航员适用的强健产品，具有促进代谢、延缓衰老、调节血压的综合功效。杜仲茶是一种新兴的保健茶，口感清新，强身健体，长期服用无副作用，适合于高血压、高血脂、高血糖人群的日常食疗，在日本和中国广受欢迎。

从杜仲叶里面可以提取出绿原酸，具有一定的消灭细菌的功效与抗氧化作用，常用于零食和饮料中，作为防腐剂。杜仲胶是各种电器的优良材料，也是海底电缆必要的绝缘材料。

三、市场前景

杜仲在药物与保健方面用途广，强身健体，可降高血压、高血脂、高血糖，从叶中可提取绿原酸，广泛用于食品。杜仲为中国独有，利用周期长，近年来资源消耗较快，市场前景好。

四、栽培技术

（一）种子繁殖

9—10月，选择树龄15年以上的健壮母树，采集新鲜、饱满、有光泽的黄褐色种子，采种后应对种子进行沙藏层积处理，种子与湿沙的比例为1 ： 10。种子忌干燥，故宜趁鲜播种。一般于春季2、3月，月均温达10℃以上时播种。播种前，用20℃温水浸种2—3天，每天换水1—2次，待种子膨胀后取出，稍晒干后播种，可提高发芽率。选土层深厚、疏松肥沃，土壤呈酸性至微碱性、排水良好的向阳缓坡地，深翻土壤，耙平，挖穴。穴内施入土杂肥2.5千克、饼肥0.2千克，骨粉或过磷酸钙0.2千克及火土灰等。播种前浇透水，待水渗下后，将处理好的种子撒下。条播，行距20—25厘米，每亩用种量8—10千克，播种后盖草，保持土壤湿润，以利种子萌发。幼苗出土后，于阴天揭除盖草。每亩可产苗木3—4万株。

杜仲种子图片

（二）扦插繁殖

在春夏之交，剪取一年生嫩枝，剪成长5—6厘米的插条，插入苗床，入土深2—3厘米，在土温21—25℃时，经

15—30天即可生根。如用0.05毫升/升萘乙酸处理插条24小时，插条成活率可达80%以上。

（三）苗期管理

种子出苗后，注意中耕除草，浇水施肥。幼苗忌烈日，要适当遮阴，旱季要及时喷灌防旱，雨季要注意防涝。结合中耕除草追肥4—5次，每次每亩施尿素1—1.5千克。实生苗若树干弯曲，可于早春沿地表将地上部全部除去，促发新枝，从中选留1个壮旺挺直的新枝做新干，其余全部除去。

（四）定植

当1—2年生苗高达1米以上时，即可于落叶后至翌春萌芽前定植。幼树生长缓慢，宜加强抚育，每年春夏应进行中耕除草，并结合施肥。秋天或翌春要及时除去基生枝条，剪去交叉过密枝。对成年树也应酌情追肥。杜仲造林可进行林粮间作，以耕代抚长势快。

（五）病虫害防治

1.立枯病。苗期病害多发生在4—6月的多雨季节，病苗近地面的茎腐烂变褐，向内凹陷，植株枯死。

防治方法：苗床地忌用黏土和以前作为蔬菜、棉花、马铃薯、烟草、百合的地块，播种时用50%多菌灵2.5千克与细土混合，撒在苗床上，或播种于沟内。发病时用50%多菌灵1000倍液浇灌。

2.根腐病。一般多发生于6—8月间，为害幼苗。雨季严重，病株根部皮层及侧根腐烂，植株枯萎直立不倒，易拔起。

防治方法：选择排水良好的地块做苗床，实行轮作，病初用50%托布津1000倍液浇灌。

3.叶枯病。发病叶初期先出现黑褐色斑点，病斑边缘绿色，中间灰白色，有时破裂穿孔，直至叶片枯死。

防治方法：冬季清除枯枝叶，病初摘除病叶，发病期用波尔多液或65%代森锌500倍液每5—7天喷1次，连续2—3次。

4.豹纹木蠹蛾。幼虫蛀食树干、树枝，造成中空，严重时全株枯萎。

防治方法：注意冬季清园，在6月初成虫产卵前将生石灰10份、硫黄粉1份、水40份调好，用毛刷涂在树干上，防成虫产卵。若幼虫已蛀入树干，用棉球蘸敌敌畏、敌百虫，塞入蛀孔内毒杀。

豹纹木蠹蛾图片

（六）采收与加工

1.采收。

（1）传统的采收方法。选择树龄12年以上、树围60厘米以上的树，在4—6月间树液流畅时伐后剥皮。

（2）剥皮法。选树龄15—20年的健壮树，于树生长旺盛的春、夏季节，在空气相对湿度80%以上、光照不强的条件下进行。在树干分枝处以下绕茎环割1周，再在树干基部离地面15—20 厘米处环割1周，再在2个环切口之间自上而下地垂直纵切1刀。环切与纵切都只切断韧皮部，不伤木质部。切后用牛角片缓慢地将皮层撬起并剥离树干。剥皮后用透明塑料薄膜包裹剥皮部位，15天后解开下部，使其透气，表面呈褐色时取下薄膜，3—5年后新皮可长到与原皮大致相同的厚度，可再次剥皮。

2.加工。

剥下的树皮按内面相对叠放在垫好稻草的平地上，使其发汗，经6—7天，当内皮呈墨绿色或黑褐色时取出，剥去外面粗皮，晒干即可。

参考文献

［1］祁承经，汤庚国.树木学南方本［M］，北京：中国林业出版社，1994.

［2］国家药典委员会.中华人民共和国药典（一部）［M］. 北京：化学工业出版社，2000：154.

［3］江苏新医学院. 中药大辞典［M］. 上海：上海科学技术出版社，1996：1032.

［4］刘军海，裘爱泳.杜仲叶绿原酸的提取及精制［J］. 山东医药，2004，44（32）：21-23.

［5］周国生，张可战，张海玉.杜仲栽培技术［J］. 福建农业科技，2014（4）：66-67.

四 吴茱萸

一、形态特征

吴茱萸为芸香科小乔木或灌木，高3—5米，别名吴萸、漆辣子、臭辣子树等。通常分大花吴茱萸、中花吴茱萸和小花吴茱萸等几个品种。嫩枝呈暗紫红色，与嫩芽同被灰黄或红锈色绒毛，或疏短毛。复叶有小叶5—11片，小叶薄至厚纸质，卵形、椭圆形或披针形，花期4—6月，花序顶生；果序密集或疏离，暗紫红色，有大油点；种子近圆球形，果期8—11月。生于平地至海拔1500米山地的疏林或灌木丛中，多见于向阳坡地。产秦岭以南各地，在湘西常见野生植物。各地有小或大量栽种。

吴茱萸图片

二、药用价值

嫩果经炮制晾干后即是传统中药吴茱萸，简称吴萸，是苦味健胃剂和镇痛剂，又做驱蛔虫药。其性热味苦辛，有散寒止痛、降逆止呕之功，用于治疗肝胃虚寒、阴浊上逆所致的头痛或胃脘疼痛等症。温中，止痛，理气，燥湿，可治厥阴头痛，脏寒吐泻，脘腹胀痛，经行腹痛，五更泄泻，高血压，脚气，疝气，口疮溃疡，齿痛，湿疹，黄水疮等。

三、市场前景

目前我国所需要的吴茱萸的数量基本上是每年850吨，并且只会增长，不会下跌，而一般野生的产量比较少，种植的年产量只有600吨，有数据显示，它的供应和需求只能刚刚持平，前几年还出现了供不应求的现象。近两年，它的价格是每年有所下滑。花垣县东晟中药材种植专业合作社种植面积8000亩，产品主要出口。2020年，泸溪县潭溪镇一企业种植5年生的吴茱萸亩产250千克鲜果，鲜果价32元每千克，亩产值可达8000元左右。

四、栽培技术

（一）种子繁殖

育苗1亩，一般需种子30—35千克。9—10月份，采集5年以上树龄健壮母树上的成熟果实，选个头大、果肉肥厚、无病虫害的果实，剥去果肉，取出种子，立即进行秋播。否则，种子干燥后就难以发芽，必须再经过处理才能发芽。一般采用以下几种方法处理干燥种子，才能提高吴茱萸的发芽率。

沙藏催芽法：第一年秋后选择高燥的向阳处，挖长宽各1米、深30厘米的坑，坑底先铺一层细沙，上铺一层种子，再铺沙子，如此铺5—6层，最上面土层厚约7厘米，并覆盖杂草，经常保持湿润。翌年春，待种子有50%裂口时取出播种，播后约20天出苗。

尿水催芽法：人尿一半加水一半，混合成尿水液，放入缸内，将种子放入尿水混合液中浸泡20—30天，取出种子，洗净后与草木灰拌种，播种后约25天出苗。

漂白粉催芽法：将新鲜种子置于水缸中，每500克种子用漂白粉10克，加水浸泡，加水量要高出种子10厘米，用木棒每日搅拌4—5次，以除去种子外壳的蜡质。浸泡3天后，捞出拌上草木灰进行播种，约30天出苗。

播种时，在耙平的苗床上，于3月中旬做1.2米宽的高畦，按行距12厘米开横沟，沟深4厘米，将处理过的吴茱萸种子顺沟均匀撒入，上面覆盖草木灰1—1.5厘米，再盖细土1.5厘米，稍镇压后再盖一层杂草。保持土壤湿润，20天左右即可出苗。当年未出苗的种子第二年陆续出苗，待苗出齐后，及时浇水，中耕除草，当幼苗长出3—4对真叶时，进行间苗，每隔10厘米留1株壮苗。6—7月追施一次速效肥料，以促进枝梢旺盛生长。每次中耕除草与浇水追肥同时进行。当苗高1米左右时，即可出圃定植移栽到大田中。

（二）根插繁殖

选4—6年生、根系发达、生长旺盛且粗壮优良的单株做母株。于2月上旬，挖出母株根际周围的泥土，截取筷子粗的侧根，切成15厘米长的小段，在备好的畦面上按行距 15厘米开沟，按株距10厘米将根斜插入土中，上端稍露出土面，覆土稍加压实，浇稀粪水后盖草。2个月左右即长出新芽，此时去除盖草，并浇清粪水1次。当苗高5厘米左右时，及时松土除草，并浇稀粪水1次。翌春或冬季即可出圃定植。移栽方法：株行距2米×3米，挖穴深度60厘米左右，穴径为50厘米，施入腐熟基肥10千克。每穴栽1株，填土压实浇水。

（三）枝插繁殖

选1—2年生发育健壮、无病虫害的枝条，取中段，于2月间剪成20厘米长的插穗，插穗须保留3个芽眼，土端截平，下端近节处切成斜面。将插穗下端插入1毫升/升的吲哚丁酸溶液中，浸半小时取出，按株行距10厘米×20厘米斜插入苗床中，入土深度以穗长的2/3为宜。切忌倒插。覆土压实，浇水遮阴。一般经1—2个月即可生根，地上萌芽抽生新枝，第二年就可移栽。

（四）分蘖繁殖

吴茱萸易分蘖，可于每年冬季，在距母株50厘米处刨出侧根，每隔10厘米割伤皮层，盖土施肥覆草。翌年春季，便会抽出许多的根蘖幼苗，除去盖草，待苗高30厘米左右时分离移栽。

（五）选地整地

每亩施农家肥2000 —3000千克做基肥，深翻暴晒几日，碎土耙平，做成1—1.3米宽的高畦。

移栽后要加强管理，干旱时及时浇水，并注意松土、除草。每年于冬前在株旁开沟追施农家肥。当株高1米时，于秋末剪去主干顶部，促使多分枝。开花结果树应注意在开春前多施磷、钾肥。老树应适当剪去过密枝，或砍去枯死枝或虫蛀空树干，以利更新。

（六）整枝修剪

当幼树株高80—100厘米时剪去主干顶梢，促其发芽，在向四面生长的侧枝中，选留3—4个健壮的枝条，培育成为主枝；第2年夏季，在主枝叶腋间选留3—4个生长发育充实的分枝，培育成为副主枝，以后再在主枝上放出侧枝。几年的整形修剪使其成为外圆内空、树冠开阔、通风透光、矮干低冠的自然开心形丰产树型，4年之后便可进入盛果期。每年冬季还要适当地剪除过密枝、重叠枝、徒长枝和病虫枝。结枝梢粗壮、芽饱满的枝条应予保留，均能形成结果枝。在每次修剪之后，都要追施1次肥料，以恢复树势。

在植株进入衰退期后，长势逐年减弱，花芽减少，产量下降，此时可将老树砍伐，抚育根际萌蘖的幼苗，进行更新复壮。

（七）病虫害防治

1.煤病。该病又称煤污病，是由于蚜虫、介壳虫在吴茱萸上为害，诱发不规则的黑褐色煤状斑，后期叶片和枝干上覆盖厚厚的煤层，病树开花结果少。

防治方法：在蚜虫和介壳虫发生期喷洒2000—3000倍稀释的40%乐果乳油剂，或25%亚胺硫磷800—1000倍液，每隔7天1次，连打2—3次。发病期喷1：0.5：150—1：0.5：200波尔多液，每10—14天1次，连打2—3次。

2. 锈病。该病主要为害吴茱萸的叶子，发病初期在叶片上形成近圆形不太明显的黄绿色小点、橙黄色小疱斑，致使叶片枯死。

防治方法：喷0.3波美度石硫合剂或65%代森锌可湿性粉剂500倍液，每7—10天打1次。

3. 老木虫。幼虫在树干内蛀食，茎干中空死亡，7—10月份在离地面30厘米以下主干上出现胶质分泌物、木屑和虫粪。

防治方法：用小刀刮去卵块及初孵虫，若幼虫蛀入木质内部，可在蛀孔外灌入可湿性六六六粉50倍液，或将浸80%敌敌畏原液的药棉塞入蛀孔，封住洞口杀幼虫。

老木虫及为害树干图片

（八）采收加工

8—11月份采收，一般在果实由绿转为油菜花色时为最佳采收期。采收过早则质嫩，过迟则果实开裂，都影响质量。采收时间宜选择晴天，趁早上有露水时采摘，可以减少果实跌落。操作时将果穗成串剪下（不能把果枝剪下，以免影响第二年开花结果）。采回果穗以后，摊开晒干或晾干（宜勤翻动，使之干燥均匀）。干燥后去净枝梗，簸去杂质，贮于干燥通风处，或及时出售。较大的企业一般选择烘干，农户可直接出售鲜果给企业。

参考文献

［1］祁承经，汤庚国.树木学南方本［M］，北京：中国林业出版社，1994.

［2］国家药典委员会.中华人民共和国药典（一部）［M］. 北京：化学工业出版社，2000：160.

［3］李邦文.吴茱萸高产栽培关键技术［J］.安徽林业，2006（02）：37.

［4］李军. 吴茱萸高产栽培技术［J］. 四川农业科技，

2007（7）：44.

［5］黄光荣，梁玉勇，袁德奎. 铜仁地区小花吴茱萸主要病虫害发生与防治［J］. 植物医生，2006，19（4）：17-18.

［6］龚慕辛，王智民，张启伟，等. 吴茱萸有效成分的药理研究进展［J］. 中药新药与临床药理，2009，20（2）：183-187.

五 五倍子

一、形态特征

五倍子又名百虫仓、百药煎、棓子，为同属翅目蚜虫科的角倍蚜或倍蛋蚜雌虫在漆树科植物盐肤木及其同属其他植物的嫩叶或叶柄上形成的一种囊状聚生物虫瘿。奇数羽状复叶，圆锥花序宽大，花期8—9月。核果球形，略压扁，径4—5毫米，被柔毛和腺毛，成熟时红色，果期10月。五倍子分为肚倍与角倍2种，肚倍寄主为红麸杨，角倍寄主为盐肤木，肚倍6—7月采收，角倍9—10月采摘。主要产地集中分布于秦岭、大巴山、武当山、巫山、武陵山、峨眉山、大娄山、大凉山等山区和丘陵地带。垂直分布在海拔250—1600米，以500—600米较为集中。我州主产地为龙山、永顺，野生产量大，其中以角倍为主。

肚倍与角倍图片

二、药用价值

功效：敛肺、止汗、涩肠、固精、止血、解毒。主治：肺虚久咳、自汗盗汗、久痢久泻、脱肛、遗精、白浊、各种出血、痈肿疮疖等。提取物单宁酸主要用作啤酒、葡萄酒、低度酒类的澄清剂，还可用于菠萝蛋白酶食品加工等方面。

三、市场前景

五倍子有较高的经济价值，既是重要的药材，又是不可缺少的现代工业原料，是国际市场上的紧俏货。据报道，世界年产五倍子约700万千克，其中我国产约600万千克，而世界年需求量约2000万千克，缺口甚大。我国是五倍子的主产国，生产的五倍子不仅要有一定数量的出口（限额），还要供应国内数十家企业加工，国内市场也十分紧缺，近年每千克售价高达15元以上，每吨近2万元。由于我国五倍子野生产量较大，近30年来价格停滞不前，价格相对稳定，在石漠化造林中可以考虑栽植，投资发展应慎重。五倍子花初秋时是优质蜜粉源，永顺县、桑植县、永定区等地有五倍子林下养蜂经营合作社，五倍子蜂蜜具有很好的养生养颜效果。

四、栽培技术

五倍子的生长必须同时具备致瘿蚜虫、夏寄主树和冬寄主苔藓3个条件。角倍产量通常高于肚倍，这里介绍角倍的寄主盐肤木的栽培技术。

（一）培育倍林

可用人工造林和在原有倍林中补植倍树两种方法，人工造林需树苗量大，宜用种子育苗。

1.种子育苗。

（1）种子处理：将盐肤木种子装袋并放在流动水中浸泡6—7天，取出用手揉去残存果肉和蜡层，再置于50℃左右温水中，浸种24小时，晾干待播。或除去果肉和蜡层后用草木灰水、碱水或肥皂水洗净，再用60—70℃的热水浸种，晾干待播。

（2）播种：于3—4月将苗圃的土耙平整细，按行距30—40厘米开浅平沟条播，把种子均匀地撒在沟内，覆土，以盖过种子为度，并盖草保湿。苗出齐后，适当间苗。当年冬季或第2年春季即可移植。

盐肤木种子及角倍蚜图片

2.营造倍林。

林地应选避风、湿度较大的阴山、半阴山的中、下部及山腹低地，或田边、地角、溪边沟旁、房前屋后。于冬、春季阴雨天按株行距1.5米×1.5米开穴种植，以每亩200—220株为宜。

3. 补植倍树。

在倍林中林木稀疏处，以每亩200—220株均匀分布为原则补植倍树，可育苗补植，也可在倍林中挖取从老倍树根部长出的新树苗新植。在补植时还可砍去不结倍子的老树，以新苗取代，以提高结倍林木数量。

4. 倍树管理。

（1）打顶修枝：摘掉幼树顶芽，砍去成年树顶部枝条，树高控制在2米左右为宜。每年1—2月对倍树的枯枝、病虫枝、过密枝及徒长枝进行修剪，适当控制树冠。

（2）保护植被：谨防破坏冬寄主的生长条件。不进行中耕、除草，仅能适当砍割长得过高的灌木和高草。

（3）防夏落叶：除摘顶修枝外，还可在结倍子的叶以下枝条上进行环割，控制营养下运，防止落叶。

（4）适宜树龄：重点抚育4—10年树龄的倍树，以增加结倍数量。

（二）病虫害防治

白锈病：春、秋低温多雨时易发，主要为害叶片。防治方法：清洁田园，清除病残株，发病时用1 ∶ 1 ∶ 120波尔多液或50%可湿性甲基托布津1000倍液喷施。

叶斑病：夏季发生，为害叶片。防治方法同上。

主要虫害：银纹夜蛾、褐凹翅萤叶甲、宽肩象、云斑天牛、象甲虫、沫蝉等。防治方法主要以捕杀为主。用90%敌百虫800倍液喷雾。

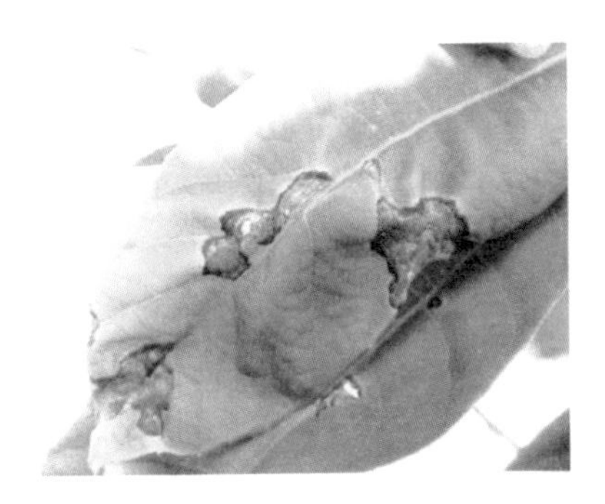

叶斑病及银纹夜蛾图片

（三）培育苔藓

1.选择藓种。五倍子蚜对冬寄主有选择性，应当确定五倍子蚜虫的冬寄主是何种苔藓，才能对采藓进行繁殖。

至今已知产量最高的角倍蚜的11种冬寄主均为提灯藓科植物，其较佳冬寄主为侧枝匐灯藓及湿地匐灯藓。

侧枝匐灯藓与湿地匐灯藓图片

2.繁殖方法。每年4—5月选湿润、背阴有树木遮阴处，除去杂草，挖净树根，整平做成低床，床面盖5—10厘米腐殖质土。在倍林中采集苔藓，切成0.8厘米粗的碎块，按采集面积的8倍撒于藓床表面，稍压紧，盖薄草保湿。3个月后即可长满撒播面积。

3.移植到倍林中阴湿处，铲出50厘米×50厘米的方块，从藓床上取出相应大小的条块，植于方块上，压实即可。一般每亩植藓30块左右，均布林中。

（四）放养秋季迁移蚜

1.挂倍放蚜。采成熟尚未爆裂的倍子，将倍子挂于倍树枝上或放于林下苔藓上，让其自然爆裂放蚜，一般保证每株倍树有4—5个倍子。

2.收虫放蚜。采成熟尚未爆裂的倍子，置于木箱或瓦罐内，一层松针或稻草，一层倍子，重叠放置，用尼龙薄膜盖严。每天早晨将爆裂的倍子放入收虫箱内，使蚜虫集于其内，再将虫装入纸袋，置阴暗处1—2天，蚜虫活动能力减弱。倒在玻璃板上，用柔软羽毛轻轻扫到倍林下苔藓上。

3.人工养虫建立养虫室，让秋季迁移蚜在室内培植的苔藓上产越冬幼蚜。室内由人工控制温度、湿度及光照，使越冬幼蚜在最佳条件下生长、发育、羽化。次年春季，将人工收集春季迁移蚜放到倍树上，或让其从养虫室自然飞迁到倍林中。

（五）采收与加工

五倍子的采收时间在夏末秋初，以五倍子已长成而里面的蚜虫尚未穿过瘿壁时为最佳。此时的五倍子形似饱满的橄榄，外表呈棕色或黄色，带有少量灰白色的丝状毛茸，皮壁厚约1厘米，内藏有翅或有翅芽的灰色蚜虫。采下的鲜倍要及时用沸水浸烫。在火大、水多、水沸腾时投倍和快速浸烫，待五倍子表面由黄褐色转为灰色时，立即捞出晒干或微火烘干。成品含水量不超过14%，倍壳质硬声脆，手压能破成碎片，即可出售。

（六）储藏养护

五倍子一般用麻袋包装，或用内衬席子的树条筐盛装，每件40千克左右。贮藏于干燥、通风处，该品吸潮易霉变。为害的仓虫有小圆皮蠹、花斑皮蠹、黑拟谷盗、赤拟谷盗、药材甲等。

储藏入库前应严格检查，避免易潮的伪品混入，引起霉变及虫蛀；搬运操作应防止破垛，堆码防止重压，减少包装损失，保护商品免受霉菌污染及仓虫侵噬；经常检查，发现虫害，可使用磷化铝或溴甲烷熏蒸。发现霉迹，应及时翻晒、挑拣。

参考文献

[1] 祁承经，汤庚国.树木学南方本［M］，北京：中国林业出版社，1994.

[2] 国家药典委员会.中华人民共和国药典（一部）［M］. 北京：化学工业出版社，2000：62.

[3] 邵贤甫，谢延平，周国勇，等.五倍子高效栽培技术［J］.湖北林业科技，2013（12）：85-86，88-90.

六 金银花

一、形态特征

金银花忍冬科忍冬属多年生半常绿缠绕及匍匐茎灌木。小枝细长，中空，藤为褐色至赤褐色。卵形叶子对生，枝叶均密生柔毛和腺毛。夏季开花，花期4—6月（秋季亦常开花），苞片叶状，唇形花有淡香，外面有柔毛和腺毛，雄蕊和花柱均伸出花冠，花成对生于叶腋，花色初为白色，渐变为黄色，黄白相映，球形浆果，熟时黑色。产地主要集中在山东、陕西、河南、河北、湖北、江西、广东等地，湖南隆回、重庆秀山栽培面积较大，我州凤凰腊尔山也有较大面积种植。

金银花图片

二、药用价值

其功效主要是清热解毒，主治温病发热、热毒血痢、痈疽疔毒等。现代研究证明，金银花含有绿原酸、木犀草素等药理活性成分，对溶血性链球菌、金黄葡萄球菌等多种致病菌及上呼吸道感染致病病毒等有较强的抑制力，另外还可增强免疫力、抗早孕、护肝、抗肿瘤、消炎、解热、止血（凝血）、抑制肠道吸收胆固醇等，其临床用途非常广泛，可与其他药物配伍用于治疗呼吸道感染、细菌性痢疾、急性泌尿系统感染、高血压等40余种病症。

三、市场前景

金银花属于传统中药材，主要功能是清热解毒,具有卓著的抗菌消炎作用，被誉为“植物抗生素”，在滥用化学抗生素带来严重后果的情况下，金银花的需求量激增，特别是SARS、H1N1、新冠病毒的发生与流行，为金银花药用带来了巨大的市场空间。另外，金银花还含有多种抗氧化活性成分，可降血脂，用于预防治疗心脑血管疾病，我国人口老龄化程度的加重进一步加大了其市场需求。预计在5年内，金银花的药用年需求量可达到2000万千克以上，从而为金银花产业的发展、壮大奠定了基础。

四、栽培技术

金银花的适应性很强，对土壤和气候的选择并不严格，以土层较厚的砂质壤土为最佳，酸性、盐碱地均能生长。金银花根系发达，生根力强，是一种很好的固土保水植物，到处都可种植，故农谚讲：“涝死庄稼旱死草，冻死石榴晒伤瓜，不会影响金银花。”在山坡、梯田、地堰、堤坝、瘠薄的丘陵都可栽培。繁殖可用播种、插条和分根等方法，在当年生新枝上可孕蕾开花。

（一）种子繁殖

4月播种，将种子在35—40℃温水中浸泡24小时，取出拌2—3倍湿沙催芽，等裂口达30%左右时播种。在畦上按行距20厘米开沟播种，覆土1厘米，每2天喷水1次，10余日即可出苗，秋后或第2年春季移栽，每亩用种子1千克左右。

（二）扦插繁殖

一般在雨季进行。在夏秋阴雨天气，选健壮无病虫害的1—2年生枝条，截成30—35厘米，摘去下部叶子做插条，随剪随用。在选好的土地上，按行距1.6米、株距1.5米挖穴，穴深16—18厘米，每穴置入5—6根插条，分散斜立着埋于土内，地上露出7—10厘米，填土压实（透气透水性好的砂质壤土为佳）。

在扦插的枝条开根之前应注意遮阴，避免阳光直晒造成枝条干枯。也可采用扦插育苗，在7—8月间，按行距25厘米开沟，深16厘米左右，株距2厘米，把插条斜立着放到沟里，填土压实，以透气透水性好的砂质壤土为育苗土，开根快，并且不易被病菌侵害而造成枝条腐烂。栽后喷一遍水，以后干旱时，每隔2天要浇水1遍，半月左右即能生根，第2年春季或秋季移栽。

（三）整形修剪

剪枝从秋季落叶后到春季发芽前进行，一般是旺枝轻剪，弱枝强剪，枝枝都剪，剪枝时要注意新枝长出后要有利于通风透光。把细弱枝、枯老枝、基生枝等全部剪掉。在肥水条件差的地块剪枝要重些。对于株龄老化的剪去老枝，促发新枝。对于幼龄植株，以培养株型为主，要轻剪。在山岭地块栽植的一般留4—5个主干枝，平原地块的要留1—2个主干枝，主干要剪去顶梢，使其增粗直立。

整形是结合剪枝进行的，原则上以肥水管理为基础，整体促进，充分利用空间，增加枝叶量，使株型更加合理，并且能明显地增花高产。剪枝后的开花时间相对集中，便于采收加工，一般剪后能使枝条直立，去掉细弱枝与基生枝有利于新花的形成。摘花后再剪，剪后追施1次速效氮肥，浇1次水，促使下茬花早发，这样一年可收4次花，平均每亩可产干花150—200千克。

（四）田间管理

追肥：栽植后的头1—2年内是金银花植株发育定型期，多施一些人畜粪、草木灰、尿素、硫酸钾等肥料。栽植2—3年后，每年春初应多施畜杂肥、厩肥、饼肥、过磷酸钙等肥料。第一茬花采收后应立即追施适量氮、磷、钾复合肥料，为下茬花提供充足的养分。每年早春萌芽后和第一批花收完时，开环沟浇施人粪尿、化肥等。

（五）病虫害防治

1.褐斑病：叶部常见病害，造成植株长势衰弱。多在生长后期发病，8—9月份为发病盛期，在多雨潮湿的条件下发病重。发病初期在叶上形成褐色小点，后扩大成褐色圆病斑或不规则病斑。病斑背面生有灰黑色霉状物，发病重时，能使叶片脱落。防治方法：剪除病叶，然后用1 ∶ 1.5 ∶ 200的波尔多液喷洒，每7—10天1次，连续2—3次，或用65%代森锌500倍稀释液或托布津1000—1500倍稀释液，每隔7天喷1次，连续2—3次。

2.白粉病：在温暖干燥或植株荫蔽的条件下发病重；

施氮过多，植株茂密，发病也重。发病初期，叶片上产生白色小点，后逐渐扩大成白色粉斑，继续扩展布满全叶，造成叶片发黄，皱缩变形，最后引起落花、落叶、枝条干枯。防治方法：清园处理病残株；发生期用50%托布津1000倍液或BO-10生物制喷雾。

3.蚜虫：为害叶片、嫩枝，引起叶片和花蕾卷曲，生长停止，产量锐减。4—6月虫情较重，立夏前后，特别是阴雨天，蔓延更快。防治方法：用40%乐果1000—1500倍稀释液或灭蚜松（灭蚜灵）1000—1500倍稀释液喷杀，连续多次，直至杀灭。

4.尺蠖：头茬花后幼虫蚕食叶片，引起减产。防治方法：入春后，在植株周围1米内挖土灭蛹。幼虫发生初期，喷2.5%鱼藤精乳油400—600倍液；或用敌敌畏、敌百虫等喷杀，但花期要停止喷药。

5.炭疽病：叶片病斑近圆形，潮湿时叶片上生橙红色点状黏状物。防治方法：清除残株病叶，集中烧毁；移栽前用1∶1∶150—1∶1∶200波尔多液浸种5—10分钟；发病期喷施65%代森锌500倍液或50%退菌特

800—1000倍液。

6.天牛：植株受害后逐渐衰老枯萎乃至死亡。防治方法：当成虫出土时，用80%敌百虫1000倍液灌注花墩。在产卵盛期，7—10天喷1次90%敌百虫晶体800—1000倍液；发现虫枝，剪下烧毁；如有虫孔，塞入80%敌敌畏原液浸过的药棉，用泥土封住，毒杀幼虫。

白粉病及蚜虫图片

（六）收获加工

金银花采收的最佳时间是清晨和上午，此时采收花蕾不易开放，养分足、气味浓、颜色好。下午采收应在太阳落山以前结束，因为金银花的开放受光照制约，太阳落山后成熟花蕾就要开放，影响质量。不带幼蕾，不带叶子，采后放入条编或竹编的篮子内，集中的时候不可堆成大堆，应摊开放置，放置时间最长不要超过4小时。

金银花商品以花蕾为佳，混入开放的花或梗叶杂质者质量较逊。花蕾以肥大、色青白、握之干净者为佳。5—6月间采收，择晴天早晨露水刚干时摘取花蕾，置于芦席、石板或场坪上，摊开晾晒或通风阴干，以1—2天内晒干为好。晒花时切勿翻动，否则花色变黑而降低质量，至九成干，剪去枝叶杂质即可。忌在烈日下暴晒。阴天可用微火烘干或在厂房烘干，但花色较暗，不如晒干或阴干为佳。

参考文献

[1] 郑成钧. 中国树木志[M]. 北京：中国林业出版社，1985.

[2] 国家药典委员会. 中华人民共和国药典（一部）[M]. 北京：化学工业出版社，2017：153.

[3] 中华人民共和国卫生部药典委员会. 中国药典(一部)[S]. 北京：人民卫生出版社，1995.

[4] 秦立林. 金银花栽培与应用[J]. 中国林副特产，

2006（3）.

［5］赵黎莉，李耕.金银花优质丰产栽培技术［J］.现代种业，2007（5）：50–51.

［6］李永升，赵化玉，李华斌.金银花的优质丰产栽培技术［J］.时珍国医国药，2005，16（10）：1021.

七 黄精

一、形态特征

黄精为百合科黄精属多年生落叶或常绿草本植物，又名鸡头黄精、黄鸡菜、笔管菜、爪子参、老虎姜、鸡爪参，无柄。根茎横走，圆柱状，结节膨大，因此节间一头粗、一头细，在粗的一头有短分枝（《中药志》称用这种根状茎制成的药材为鸡头黄精）。茎高50—90厘米，或可达1米以上，有时呈攀缘状。叶轮生，每轮4—6枚，条状披针形，先端拳卷或弯曲成钩。花序通常具2—4朵花，似成伞形状，花被乳白色至淡黄色，浆果直径7—10毫米，黑色，具4—7颗种子。花期5—6月，果期8—9月。产东北三省、河北、山西、陕西、内蒙古、宁夏、甘肃（东部）、河南、山东、安徽（东部）、浙江（西北部），近年来云南以及湖南安化、新化种植较多，我州龙山、古丈、泸溪也有种植，多生于生林下、灌丛或山坡阴处，海拔800—2800米。

黄精图片

二、药用价值

黄精性味甘、平，食药两用。具有平补三焦的作用，补养肺、脾、肾之气阴，治疗肺气阴两虚所致干咳、久咳，脾气虚所致体虚乏力、食欲不振，肾精亏虚所致头晕眼花、腰膝酸软、脱发白发、口干舌燥等。药性平和，适合久服，无明显副作用。配合枸杞子一起服用，可以增强补肾精的作用。配合山药一起服用，可以增强平补肺、脾、肾的作用。

三、市场前景

据州内有关专家考察及部分黄精种植大户介绍，种植4—5年后，滇黄精亩产量一般可达4000—5000千克，而我省安化、新化一带种植的多花黄精亩产仅3000千克左右。但滇黄精在我州适宜海拔700米以上地区种植。鲜黄精的价格在20—24元每千克，农户种植亩成本1万元左右，因此黄精5年的种植亩效益可达8万元以上。因可食药两用，黄精国内外市场需求量不断扩大，价格逐年上涨，供不应求已成现实。黄精作为食药两用型药材，食用营养价值高，与百合一样应该可以用耕地种植。

四、栽培技术

（一）繁殖方法

1.根状茎繁殖。

于晚秋或早春3月下旬前后选1—2年生健壮、无病虫害的植株根茎，选取先端幼嫩部分截成数段，每段有3—4节，伤口稍加晾干，按行距22—24厘米、株距10—16厘米、深5厘米栽种，覆土后稍加镇压并浇水，以后每隔3—5天浇水1次，使土壤保持湿润。于秋末种植时，应在墒上盖一些圈肥和草以保暖。

2.种子繁殖。

8月种子成熟后选取成熟饱满的种子立即进行沙藏处理：种子1份，砂土3份，混合均匀。存于背阴处30厘米深的坑内，保持湿润。待第二年3月下旬筛出种子，按行距12—15厘米均匀撒播到畦面的浅沟内，盖土约1.5厘米，稍压后浇水，并盖一层草保湿。出苗前去掉盖草，当苗高6—9厘米时，过密处可适当间苗，1年后移栽。为满足黄精生长所需的荫蔽条件，可在畦埂上种植玉米。

黄精花与种子图片

（二）选地整地

选择湿润和有充分荫蔽的地块，土壤以质地疏松、保水力好的壤土或砂质壤土为宜。播种前先深翻1遍，结合整地每亩施农家肥2000千克或施复合肥1000千克，禁止施氮肥。翻入土中做基肥，然后耙细整平，做畦，畦宽1.2米。

（三）田间管理

生长前期要经常中耕除草，每年于4、6、9、11月各进行1次，宜浅锄并适当培土；后期拔草即可。若遇干旱或种在较向阳、干旱的地方需要及时浇水。每年结合中耕除草进行追肥，前3次中耕后每亩施用土杂肥1500千克、过磷酸钙50千克、饼肥50千克，混合拌匀后于行间开沟施入，施后覆土盖肥。黄精忌水和喜荫蔽，应注意排水和间作玉米。

（四）病虫害防治

1.叶斑病：可用65%代森锌可湿性粉剂500倍液防治。

2.黑斑病：多于春夏秋发生，为害叶片。防治方法：收获时清园，消灭病残体；前期喷施1∶1∶100波尔多液，每7天1次，连续3次。

3.蛴螬：以幼虫为害，为害根部，咬断幼苗或咀食苗根，造成断苗或根部空洞，危害严重。防治方法：可用75%辛硫磷乳油按种子量0.1%拌种；或在田间发生期，用90%敌百虫1000倍液浇灌。

蛴螬幼虫及成虫图片

（五）后期管理

1.采收与加工。

一般春、秋两季采收，以秋季采收质量好，栽培3—4年秋季地上部分枯萎后采收，挖取根茎，除去地上部分及须根，洗去泥土，置蒸笼内蒸至呈现油润感时，取出晒干或烘干，或置水中煮沸后，捞出晒干或烘干。

2.留种技术。

黄精可采用根茎及种子繁殖，但在生产上以采用根茎繁殖为佳，于晚秋或早春3月下旬，选取健壮、无病的植株，其地下根茎即可作为繁殖材料，直接种植。

参考文献

［1］田启建，赵致，谷甫刚.栽培黄精的植物学形态特征［J］.山地农业生物学报，2008，27（1）：72-75.

［2］苏仕林，马博，黄珂.广西百色德保黄精的民族植物学研究［J］.安徽农学通报，2012，18（01）：56-57，83.

［3］董治程，谢昭明，黄丹，等.黄精资源、化学成分及药理作用研究概况［J］.中南药学，2012，10（6）：450-453.

［4］邵红燕，赵致，庞玉新，等.贵州黄精适宜采收期

研究［J］.安徽农业科学，2009，37（28）：13591-13592.

［5］田启建，赵致，谷甫刚.黄精栽培技术研究［J］.湖北农业科学，2011，50（4）：772-776.

［6］田启建，赵致，谷甫刚.中药黄精套种玉米立体栽培模式研究初报［J］.安徽农业科学，2007，35（36）：11881-11882.

八 重楼

一、形态特征

重楼为百合科植物华重楼、云南重楼或七叶一枝花的根茎，高约50厘米。别名：七叶一枝花、灯台七、铁灯台、白河车、枝花头、海螺七、螺丝七等。叶5—9片，通常7片，轮生于茎顶，壮如伞，其上生花1朵，故称七叶一枝花。根状茎棕褐色，横走而肥厚，粗可达3厘米，表面粗糙具节，节上生纤维状须根。茎单一，直立，圆柱形，光滑无毛，基部常带紫红色。夏季开黄绿色花，花梗由茎顶抽出，不分枝，多少比叶长，花单独顶生，蒴果室背开裂。产四川、云南、贵州、福建等地，我州龙山、永顺、古丈等地有野生及人工栽培。喜凉爽气候及阴湿环境，以土层深厚、疏松、肥沃、湿润且排水良好的砂质壤土或腐殖质壤土为好，适于林下种植。黏重及低洼易积水之地，不宜种植。

重楼图片

二、药用价值

性微寒，味苦，有小毒。归肝经，清热解毒，消肿止痛，凉肝定惊。主治：疔疮痈肿，咽喉肿痛，毒蛇咬伤，跌仆伤痛，惊风抽搐。具有止血、调节免疫、抗肿瘤、抗细胞毒、抗炎、改善心血管、抗菌抑菌、镇静镇痛、抗癌等功效。

三、市场前景

重楼主要分布于我国西南部海拔800米以上的地区，以云南、贵州、四川量较大，由于云贵川野生资源枯竭，市场面临供不应求。重楼历年来以野生资源提供药用，近年来随着重楼价格的逐步上扬，可观的经济效益驱动农民大量采挖，重楼野生资源正逐步减少。人工种植需5—6年才能采挖入药，且生产成本高，因此在生产上无法推广和扩大种植，生产发展不起来，只是零星种植，形成不了生产规模，产量不多。重楼是常用中药材，在治疗炎症方面具有独特的疗效。目前看来除配方用药外，重楼被开发利用作为多种中成药的原料，如云南白药、宫血宁等，重楼药用量不断增加。云南白药的需求量近年来有所增加，四川某药厂的需求量在稳步增长，且华东市场亳州重楼的需求量已达1000吨，四川的需求量1000吨，贵州的需求量1000吨，其他地区的需求量约500吨，重楼的需求将逐年增加。我州龙山一种植户林下种植每亩投入成本约1.5万元，6—8年后可采收，按当前价格亩产值预计可达8—10万元。

四、栽培技术

（一）选地整地

以土层深厚、排水良好、疏松肥沃的砂质壤土为佳。不须深耕，在种前将土地翻耙，整平做畦，施足基肥。

（二）繁殖方法

1.种子繁殖。催芽处理，把成熟的千粒重为40—70克的重楼种子采摘，去除外壳，将种子剥出，按沙种5 ∶ 1的比例，一层沙，一层种子，储藏于温度为20℃ 的室内进行催芽处理，待重楼种子长出新根时（4—5月份）即可播种，种子储藏层数在5层以下，宜薄不宜厚，既要疏松透气，又要具有保水性能，要经常保持湿润，但不能积水。

按250粒/米^{2}撒播于温室苗床上，亩播种量8—8.5千克，播种后覆土1—1.5厘米，播种后5—6月份开始出苗，一般当年出苗率可达60%以上，播种前温室苗床要进行除草、消毒灭菌和杀虫处理，苗床土壤要疏松肥沃，墒面土层厚度为20—30厘米。

重楼种子与小苗图片

重楼当年生长的幼苗抗性较弱，一定要加强对水分、温度和病虫草害的管理，苗床土壤要求长期保持湿润，棚内空气相对湿度50%—80%，温度30℃以下，苗床遮阳度在50%左右，要实时监测病虫害的发生，及时清除墒面杂草，次年视苗情适当追肥。

第二年6—7月份开始间苗，可陆续将生长健壮的大苗，按株行距10厘米×10厘米假植于露地苗床上，浇足定根水，成活后来年就可供大田种植。

2.根茎繁殖。每穴放入种根，覆盖细土。用新高脂膜喷施土壤表面，可保墒，防水分蒸发，防晒抗旱，防冻保温，防土层板结，隔离病虫源，提高出苗率。

（三）田间管理

施肥宜用饼肥及草木灰。在每次追肥前，必锄草、松土。当干旱少雨时，须于早晚浇水，使苗叶生长正常。适时喷施药材根大灵，促使叶片光合作用的产物（营养）向根系输送，提高营养转换率和松土能力，使根茎快速膨大，药用含量大大提高。

（四）病虫害防治

虫害主要为土蚕和蛴螬，可在整地时撒入新高脂膜粉剂防治，或用人工捕捉或堆草法诱杀。

土蚕幼虫及成虫图片

（五）采收与加工

用种子繁育种苗的重楼，在移栽后第6—8年采收最佳，带顶芽根茎的种苗在移栽后第4—5年采收最佳。在秋季倒苗前后，10—12月重楼地上茎枯萎后至翌年春季萌动前采挖，即3月以前均可收获。选择晴天采挖，采挖时尽量避免损坏根茎，以保证重楼根茎完好无损。先割除茎叶，采挖时用洁净的锄头先在畦旁开挖40厘米深的沟，然后用锄头从侧面开挖，挖出块茎，抖落泥土，用清水刷洗干净后，趁鲜开片，片厚2—3毫米，晒干即可。阴天可用30℃左右微火烘干，以免糊化显胶质。对于挖取的重楼，去净泥和茎叶，将带顶芽的部分切下留作种苗，其余的即可进行晾晒干燥或烘干，打包或装麻袋贮藏。包装要牢固、密封、防潮，能保护品质。包装好的重楼商品药材，及时贮存在清洁、干燥、阴凉、通风、无异味的专用仓库中，要防止霉变、鼠害、虫害，注意定期检查。重楼佳品有粗壮、坚实、断面白、粉性足等特性。

参考文献

［1］汤海峰，赵越平，蒋永培.重楼属植物的研究概况［J］.中草药，1998，29（12）：839.

［2］张霄霖，刘月婵.重楼的研究与应用［J］.中国中

医药科技，2000，7（5）：346.

［3］宋立人，洪恂，丁绪亮，等．现代中药学大辞典（下册）［M］．北京：人民卫生出版社，2001：1621.

［4］张婉莹．重楼栽培技术［J］．云南农业，2015，5：23-24.

九 淫羊藿

一、形态特征

淫羊藿为小檗科多年生草本植物，植株高20—60厘米，又称仙灵脾、羊合叶、羊藿、羊藿叶等。传南北朝时，四川北部村民多有牧羊者，发现公羊啃吃此草后，阴茎极易勃起，与母羊交配次数也明显增多，而且阳具长时间坚挺不痿，甚至一天交尾百遍而不殆，而吃其他野草则无此功效，故得名。根状茎粗短，暗棕褐色，二回三出复叶基生和茎生，具长柄，小叶纸质或厚纸质，叶缘具刺齿，花白色或淡黄色，花期5—6月，果期6—8月。淫羊藿生于林下、沟边灌丛中或山坡阴湿处，分布于海拔650—3500米。我国陕西、甘肃、山西、河南、青海、湖北、四川等地区均有栽培。我州为野生分布，目前没有栽培记录。淫羊藿是一种跨生态幅度大的温带及亚热带药用植物，喜阴湿，土壤湿度25%—30%，空气相对湿度以70%—80%为宜，对光较为敏感，忌烈日直射，要求遮光度80%左右，淫羊藿对土壤要求比较严格，以中性酸或稍偏碱、疏松、含腐殖质、有机质丰富的油沙壤土为好，海拔在450—1200米的低、中山地的灌丛、疏林下或林缘半阴环境适合其生长。

淫羊藿图片

二、药用价值

淫羊藿味辛甘，性温，走肝、肾二经。入药叶和根部作用最强，果实次之，茎最弱。为补命门、益精气、强筋骨、补肾壮阳之要药，临床常用于治疗男子阳痿不举、滑精早泄、小便不禁以及女子不孕等症。

现代研究表明，淫羊藿含淫羊藿苷、挥发油、蜡醇、植物甾醇、鞣质、维生素E等成分。能兴奋性机能，有促进精液分泌的作用。还有降压（引起周围血管舒张）、降血糖、利尿、镇咳祛痰等作用。药理实验研究表明，淫羊藿能增加心脑血管血流量，促进造血功能、免疫功能及骨代谢，具有抗衰老、抗肿瘤等功效。新加坡医学专家研究发现，淫羊藿能有效杀死乳腺癌细胞。它也常添加于保健酒、功能性饮料中。

三、市场前景

市场对淫羊藿的需求表现旺盛。首先，淫羊藿在中成药生产以及中药饮片生产方面的需求旺盛。在各个中药材市场，淫羊藿或炙淫羊藿大量被销售到全国的医院、药房、门诊部等。其次，随着我国保健行业快速发展，淫羊藿在保健方面的需求也不容忽视。由于国人正越来越注重养生保健，未来我国将有望超越美国成为全球最大的保健食品市场。淫羊藿作为保健品中的常用品种，市场潜力巨大。

四、栽培技术

种苗繁育以无性繁殖（分株繁殖或根茎繁殖）为主，有性繁殖为辅。

（一）选地做床

选择阴坡或半阴半阳坡，坡度35度以下，土壤以微酸性的树叶腐殖土、黑壤土、黑沙壤土为佳，可以在阔叶林或针阔混交林及果树经济林下栽培。将林下地面草皮起走，顺坡打成宽120—140厘米、高12—15厘米的条床，横条沟栽苗，开沟深度6—10厘米。

淫羊藿花图片

（二）挖茎移栽

1.休眠期移栽：在春季4—5月萌芽前或秋季9—10月

地上茎叶枯萎时，挖取地下根茎，取有芽茎段，切成8—10厘米小段，每段保留1—2个芽孢，用赤霉素和生根粉药剂处理后，栽于条床内，株行距15厘米×20厘米，覆细土5厘米，踩实后，再用干枯湿树叶覆盖3—5厘米。

2.生长期移栽：在夏季6—8月高温多雨时林下栽培。将生长旺盛的植株整株带土移栽，24小时内随挖随栽，最好选择阴天或下雨前后。株行距20厘米×25厘米，覆土3—5厘米，踩实后，覆盖干枯湿树叶3—5厘米。这种栽培方法不缓苗，成活率高达85%以上，且根茎分蘖芽生长快，第二年春分枝多、产量高。

（三）田间管理

1.补苗：在淫羊藿翌春2—3月出苗后，及时拔除死苗、弱苗、病苗，阴天补苗种植，以保证基本苗数。

2.除草：结合中耕进行除草，以畦面少有杂草为宜。在生长旺季，可每10天除草1次；秋冬季可30天左右除草1次。

3.灌溉：淫羊藿喜湿润土壤环境，干旱会造成其生长停滞或死苗。如果在夏季连续晴5—6天，就必须早晚进行进行人工浇水。

4.施肥：在第1年的10—11月结合整地开畦施入底肥，一般施1000—3000千克/亩。于开畦后定植前，将底肥均匀撒于畦面，然后翻入土中，耙细混匀，也在开畦后定植前，挖定植“穴”或“条”时，将肥料均匀放入“穴”或“条”内，并将肥料与周围土壤混匀。追肥主要采用“穴”施，追肥时切勿将肥施到新出土的枝叶上，应靠近株丛的基部施入，并根据肥料种类覆土或不覆土。翌年3月底至6月追施1次或2次，一般情况下无机氮肥施入量不超过5千克/亩，有机复合肥10—30千克/亩；促芽肥于翌年10—11月施1次，施农家肥1000千克/亩，或有机复合肥10—20千克/亩；每次采收后应及时补充土壤肥料，一般可施农家肥1000—2000千克/亩，或有机复合肥20—30千克/亩。

（四）病虫害防治

在种植实践中，偶见小甲虫咬食叶片，使叶片形成孔洞，或有蛾类幼虫咬食幼苗茎干或叶片，将茎干咬断，为害叶片形成网纹的虫害现象。亦偶见煤污病发生，会影响淫羊藿的光合作用。可采取农业综合防治措施，以提高植株的抗逆性，减少病虫害的发生，收到良好的防治效果。

1.叶褐斑枯病。

症状：此病为害叶片。患病叶病斑初期为褐色斑点，周围有黄色晕圈。扩展后病斑呈不规则状，边缘红褐色至褐色，中部呈灰褐色；后期病斑灰褐色，收缩，出现黑色粒状物，此为病菌的分生孢子器。病菌在淫羊藿苗期和成株期均有发生，以幼苗期发生较多、为害重。

防治方法：及时清除病残体并销毁，减少浸染源。发病初期可施药防治，常用药剂有50%代森锌可湿性粉剂600倍，50%退菌特可湿性粉剂800倍液，1 ∶ 1 ∶ 160波尔多液，30%氧氯化铜600—800倍液，50%多菌灵可湿性粉剂500—600倍液，70%甲基托布津可湿性粉剂800—1000倍液，75%百菌清可湿性粉剂500—600倍液。上述药剂应交替使用，以免产生抗药性。

2.皱缩病毒病。

症状：在苗床幼苗期染病叶常表现为叶组织皱缩、不平、增厚，畸形呈反卷状，在成苗期田间常有2种症状。花叶斑驳状：病叶扭曲畸变，皱缩不平，增厚，呈浓淡绿色不均匀的斑驳花叶状。黄色斑驳花叶状：染病叶组织褪绿，呈黄色花叶斑状。

防治方法：选用无病毒的种苗留种。在续断生长期，及时灭杀传毒虫媒。当发病症状出现时，若需施药防治，可选用磷酸二氢钾或20%毒克星可湿性粉剂500倍液，或0.5%抗毒剂1号水剂250—300倍液，或20%病毒灵水溶性粉剂500倍液等喷洒，隔7天1次，连用3次。促叶片转绿、舒展，减轻为害。采收前20天停止用药。

3.锈病。

症状：病菌为害淫羊藿叶片、果实等。患病初期叶片上出现不明显的小点，后期叶背面变成橙黄色微突起的小疮斑，即为夏孢子堆。病斑破裂后散发锈黄色的夏孢子，严重时叶片枯死;患病果实出现橙黄色微突起的小疮斑，严重时患病果实成僵果。

防治方法：清洁田园，加强管理。清除转主寄主。在发病期，可选用15%粉锈宁可湿性粉剂1000—1500倍液。

4.白粉病。

症状：为害淫羊藿的叶片。发病初期，在叶片正面或背面产生白色近圆形的小粉斑，逐渐扩大成边缘不明显的大片白粉区，布满叶面，好像撒了层白粉。抹去白粉，可见叶面褪绿，枯黄变脆。当发病严重时，叶面布满白粉，变成灰白色，直至整个叶片枯死。发病后无臭味，白粉是其明显病征。

防治方法：清洁田园，加强管理。发病期，可选用50%多菌灵500倍液或75%甲基硫菌灵1000倍液喷雾。在病害盛发时，可喷15%粉锈宁1000倍液等药剂防治。

5.生理性红叶病。

症状：此病通常在无遮阴的暴露地出现。叶部褪绿变色，呈红色状，植株生长受阻，矮小。苗床期受害严重者植株可出现早死亡。虽然成苗期受害植株变色后一般不死亡，但新生芽较少，影响生物产量，减产显著。

防治方法：遮阴育苗。基地种植，选择在杨梅树、松树等乔木下遮阴栽种。

叶褐斑枯病及锈病图片

（五）采收管理

种植2年后的淫羊藿便可采收，8月份是淫羊藿生长发育好、营养物质积累最高的时节，而且药效强，可在此时采收。用镰刀人工割取地上部茎叶，去粗梗扎成小把，注意勿将刀插入土中，防止伤及根茎上的越冬芽。将茎叶捆成的小把置于阴凉通风干燥处阴干或晾干。注意要经常翻动，遇雨天，建议使用远红外烤烟房进行人工烘干。切勿在阳光下暴晒或淋上露水，以免影响产品的外观质量。选出杂质、粗梗及有可能混入的异物，以保证药材质量。采收的鲜品不能清洗，需直接清除其中的杂草、异物或病残植株。从农户手中收购的初加工产品，要在烘房内复烤，使之含水量降到14%以下再打包。连续采收几年后，通常会影响淫羊藿的后期发育，影响其越冬芽及来年的新叶产量和质量。为此，连续采割3—4年后，应轮息2—3年以恢复种群活力。

参考文献

［1］张明月，石进校. 淫羊藿属植物研究进展［J］. 吉首大学学报：自然科学版，2009，30（1）：107-112.

［2］石进校，刘应迪，覃事栋，等. 淫羊藿栽培研究初报［J］. 药学实践杂志，2000，18（5）：327-328.

［3］刘克汉，刘玲. 贵州常用中药材种植加工技术［M］. 贵阳：贵阳科学技术出版社，2009.

［4］王静，李建平，张跃文，等. 淫羊藿药理学研究进展［J］. 中国药业，2009，18（8）：60-61.

十 黄连

一、形态特征

黄连为毛茛科黄连属多年生草本植物，别名：味连、川连、鸡爪连。叶坚纸质，卵状三角形，三全裂，中央裂片卵状菱形，羽状深裂，边缘有锐锯齿，叶柄长5—12厘米。根状茎黄色，常分枝，密生多数须根。花葶1—2条，高12—25厘米；二歧或多歧聚伞花序有3—8朵花；蓇葖长6—8毫米，柄约与之等长；种子7—8粒，长椭圆形，长约2毫米，宽约0.8毫米，褐色。2—3月开花，4—6月结果。有清热燥湿、泻火解毒之功效。其味入口极苦。分布于四川、贵州、湖南、湖北、陕西南部。生于海拔500—2000米间的山地林中或山谷阴处，野生或栽培，我州龙山县有栽培。黄连喜冷凉、湿润、荫蔽，忌高温、干旱。一般分布在山区温度低、空气湿度大的自然环境。不能经受强烈的阳光，喜弱光，因此需要遮阴。根浅，分布于5—10厘米的土层，适宜表土疏松肥沃、有丰富的腐殖质的土壤，pH值5.5—6.5，为微酸性。

黄连图片

二、药用价值

根茎入药，大苦大寒，清热燥湿，泻火解毒。用于湿热痞满，呕吐吞酸，泻痢，黄疸，高热神昏，心火亢盛，心烦不寐，血热吐衄，目赤，牙痛，消渴，痈肿疔疮；外治湿疹，湿疮，耳道流脓等。

三、市场前景

黄连生长周期较长且种植费工费时，投入成本每亩达6000—8000元，一般5—6年采收。据我州种植户考察，湖北恩施人工种植亩产量可达500千克左右，近年来价格稳定在240元每千克，行情攀升，亩利润可达5万元。也有部分商家认为，该品库存量较为丰厚，发展应谨慎。

四、栽培技术

（一）繁殖方法

种子繁殖。种子属后熟类型。5月上旬种子成熟采收后，选择阴凉较平坦的山坡用树枝搭阴棚，雨水能自然淋入棚内，挖20厘米深做窖，将种子与湿沙在窖内层积贮藏。经早晚及秋季低温，胚逐渐发育形成。10—11月间待种子裂口后撒播于高畦，每亩播种子1.5—2.5千克，用牛马粪覆盖。次年2月下旬在畦面搭矮棚遮阴，3月初出苗，拣去畦面落叶，并除净杂草。苗期5—6月间应追施速效性氮肥催苗，10—11月间撒细碎牛马粪及腐殖土，以利越冬。搭遮阳网遮阴，阴棚高1.2米，荫蔽度70%左右，棚内做

1.6米宽高畦（厢）。播种后第3年3月间待苗圃幼苗已长出4—6片真叶时移栽，行株距10厘米×10厘米，栽深3—5厘米，每亩栽苗5—6万株。

黄连花与种子图片

（二）栽种技术

1.栽培方式：选择土壤深厚、疏松肥沃、富含腐殖质、排水力强、通透性能良好的杂木林地，土壤以微酸性至中性为宜，地势以早晚有斜光照射不超过30度的缓坡地为宜。一般郁闭度以0.70为宜，稀疏林下也可搭遮阳网遮阴。忌连作。黄连的种植需选种、育苗、移栽等过程。一般育苗2年后移栽，春、夏、秋季均可移栽，栽后前3年，应及时补苗、除草。移栽3—4年的黄连，每年除草3

次或4次。从第2年起，除留种植株外，均应及时摘除花苔。在种植栽培过程中，要根据种植年限和植物的生长要求，调整阴棚的郁闭度。

2.栽种时间：每年有3个时期可以栽种。第一个时期在2—3月，黄连新叶未长出前，栽后成活率高，移栽后不久即发新叶，长新根，生长良好，入伏后，死苗少，是比较好的栽连时间，群众称为“栽老叶子”。第二个时期是在5—6月，此时新叶已经长成，秧苗较大，栽后成活率高，生长亦好，群众称为“栽登苗”。但不宜迟过7月，因7月气温高，栽后死苗多，脱窝严重，生长亦差。第三个时期在9—10月，栽后不久即进入霜期，扎根未稳，就遇冬春冰冻，易受冰冻拔苗，成活率低，在低暖无冰冻地区，才在此时栽种。

3.准备秧苗：栽前从苗床中拔取粗壮的秧苗。用右手的食指和大拇指捏住苗子的小根茎拔起，抖去泥土，放入左手中，根茎放在拇指一面，秧头放整齐，须根理顺，不可弯曲，100株捆成一把。拔苗时须根多已受损，失去生机，栽后须重生新根，故栽前在距头部1厘米处，剪去过长的须根。如果采用“通杆法”移栽，须根应留长一些，约1.2—2厘米。剪须根后，用水把秧苗根上的泥土淘洗干净，栽时操作方便，根茎易与土壤接触诱发新根，同时秧苗吸收了水分，栽时秧苗新鲜，栽后容易成活。通常上午扯秧子，下午栽种，最好当天栽完；如未栽完，应摊放在阴湿处，第二天栽前仍须用水浸湿后再栽。用钼酸铵1 ∶ 500—2 ∶ 500一千克的水溶液浸根2小时，能促进幼苗发根，加速长势；用高锰酸钾0.5 ∶ 500—1 ∶ 500一千克水溶液浸根2小时，也有加速发根和生长的作用。

4.栽种方法：秧苗须在阴天或晴天栽种，不可在雨天进行，因为雨天会踩紧畦面，使秧苗糊上泥浆，不易成活。栽种方法有3种：一是栽背刀，用具为专用木柄心形小铁铲。栽时右手握铲，并用大、食、中指兼拿秧苗一把，左手从右手中取1株秧苗，用大、食、中指拿住苗子的上部，随即将铁铲垂直插入土中，深4—6厘米，并向胸前平拉2—3厘米，使成一小穴，把秧苗端正地插入穴中，立刻取出小铲，推土向前掩好穴口，用铲背压紧秧苗。由上至下，边栽边退，并随之弄松畦土，弄平脚印。栽苗不宜过浅，一般适龄苗应使叶片以下完全入土，最深不超过6厘米，方易成活，行株距通常为10厘米，正方形栽植，每亩可栽5.5—6万株。二是栽杀刀，即用铁铲压住秧苗须根直插入土。这种栽法栽得快，但成活率不及栽背刀高，一般少采用。三是栽通杆，栽时一手拿秧苗，另一手食指压住根茎，插入土中，食指稍加旋转，抽出手指，随即推土掩盖指孔。此法栽苗较快，成活率也高。

（三）田间管理

黄连栽植后，立即撒施少量牛马粪及熏土称刀口肥。每年早春、夏季种子收获后及冬季10—11月间各追肥1次，春夏以氮磷等速效性肥料为主，冬肥以牛马粪及熏土为主，施各肥后应培土。第1、第2年培土约1厘米，第3、第4年2—3厘米。追肥前应除草，移栽后一二年，苗小露地孔隙大，易生杂草，每年应拔草4—5次，四五年生黄连已封垄，结合追肥每年拔草3次。搭棚栽植：当年5月种子采收后应揭去盖棚，抑制叶的生长，促使根茎充实。林间栽植：栽植后第3年开始冬季应修枝，使荫蔽度由栽植时的70%左右降低到20%。

1.补苗：栽种后常有程度不同的死苗脱窝，栽后第1、2、3年秧苗每年约有10%死亡，应及时进行补苗，一般补苗进行两次，第一次在当年的秋季，用同龄壮秧进行补苗，带土移栽更易成活。第二次补苗在第2年雪化以后新叶未发前。在冬季冰冻较大的高山地区，常把头年秋季栽种的秧苗拱出地面，故在雪化后要详细查看，将拱出地面的秧苗用手按入土内，仍能成活。发现死亡秧苗应进行补栽。此后若发现缺苗，应选用与栽苗相当的秧苗带土移栽，使栽后生长一致。

2.除草：因采取了苗前除草，故宜与化学除草相结合，在栽种当年和次年，每年除草4—5次，第3、4年每年除草3—4次，第五年1次，每次在草有2—3片叶时，用扑草净250克、西玛津25—30克、稻田一次净（永川产）2包（3种药施用时，任选其中的1种），与20—30千克沙或磷肥混合，在晴天下午或傍晚，以及阴天均匀撒施于土中（只算厢面净面积），用竹竿或树枝扫落入地中。然后认真观察，若有没有除净的杂草，人工拔除。

3.追肥：栽后2—3日内应施1次追肥，用稀薄猪粪水或菜饼水，也可每亩用细碎堆肥或厩肥1000千克左右撒施。这次肥料称“刀口肥”，能使连苗成活后生长迅速。栽种当年9—10月，第2、3、4、5年春季5月采种后和第2、3、4年秋季9—10月，应各施追肥1次，共8次。春季追肥每亩用人畜粪水1000千克和过磷酸钙20—30千克，与细土或细堆肥拌匀撒施，施后以细竹枝把附在叶片上的肥料扫落。秋季追肥以农家厩肥为主，兼用火灰、油饼等肥料；肥料应充分腐熟弄细，撒施畦面，厚约1厘米，每次每亩用量1500—2000千克；若肥料不足，可用腐殖质土或土杂肥代替一部分。施肥量应逐年增加。干肥在施用时应从低处向高处撒施，以免肥料滚落成堆或盖住叶子，在斜坡上部和畦边易受雨水冲刷处，肥力差，应多施一些。黄连的根茎向上生长，每年形成茎节，为了提高产量，第2、3、4年秋季追肥后还应培土，在附近收集腐殖质土，弄细后撒在畦上。第2、3年撒约1厘米厚，称为“上花泥”；第4年撒约1.5厘米厚，称为“上饱泥”。培土须均匀，且不能过厚，否则根茎桥梗长，降低品质。广大连农为了提高产量，还在每一次除草之后施用化学肥料促其生长。经对比试验，每次每亩施用50千克过磷酸钙和10千克碳酸氢铵为最佳比例。

（四）病虫害防治

主要病害有白粉病，应降低荫蔽度，增加光照，可用石硫合剂防治。虫害有蛴螬、蝼蛄等，可用毒饵诱杀。早春有麂子、锦鸡等为害花苔和种子，应围以篱笆，加强人工防护，减较为害。

参考文献

［1］黄正方，杨美全，孟忠贵. 黄连生物学特性和主要栽培技术［J］. 西南农业大学学报：1994，16（3）：299-301.

［2］陈仕江，钟国跃，徐金辉，等. 药用黄连生长发育规律［J］. 重庆中草药，2004，49（1）：1-7.

十一 虎杖

一、形态特征

虎杖为蓼科虎杖属多年生草本植物，茎干一年一枯。根状茎粗壮，茎直立，高可达2米，空心，叶宽卵形或卵状椭圆形，近革质，两面无毛，顶端渐尖，基部宽楔形、截形或近圆形，托叶鞘膜质，圆锥花序，花单性，雌雄异株，腋生；苞片漏斗状，花被淡绿色，瘦果卵形，有光泽黑褐色，8—9月开花，9—10月结果。生于山坡灌丛、山谷、路旁、田边湿地，海拔140—2000米。喜温暖、湿润性气候，对土壤要求不十分严格，低洼易涝地不能正常生长。根系很发达，耐旱力、耐寒力较强，返青后茎条迅速生长，长到一定的高度时开始分枝，叶片随之展开，开花前基本达到年生长高度。产于陕西、甘肃、四川等地，我州花垣、龙山有大面积栽培。

虎杖图片

二、药用价值

根为一种黄色染料，亦可供药用，有活血、散瘀、通经、镇咳等功效。祛风利湿，散瘀定痛，止咳化痰。用于关节痹痛，湿热黄疸，经闭，癥瘕，水火烫伤，跌仆损伤，痈肿疮毒，咳嗽痰多。虎杖提取物白藜芦醇具有延缓衰老、美白祛斑的功效。因虎杖中含有大黄素、鞣质及多种酚性化合物，有一定的毒性，因此不宜长期食用。

三、市场前景

人工种植虎杖技术成熟，收成也不错，用分根繁殖的方法进行种植，每亩干药材产量为2000—3000千克，按照现在的市场价7—8元/千克来算，虎杖亩产值在14000—24000元之间，除去种苗、化肥、农药、人工、机械等成本，种植虎杖每亩利润可达8500元以上，经济效益还是比较高的。人工种植的虎杖价格上虽不及野生的，但是整体市场行情比较稳定，未来前景看好。

四、栽培技术

虎杖繁殖一是用种子，二是用根茎，生产中多用带有根芽的根茎来繁殖，其特点是材料易得、移栽易成活、见效快。而种子繁殖见效慢，种子的发芽率低而繁殖系数不高，多不采用，一般采用根茎繁殖。

（一）整地

种植在肥沃土壤中2年就可采收，否则需要3—4年才能采收。先翻耕土壤，深20—25厘米，除净较大的石块，每亩施入充分腐熟的厩肥1500—2000千克作为基肥，并与5—10厘米深的土层拌匀，做成高15—20厘米、宽50—55厘米的畦，耙平、耙细，两畦间留30厘米宽的作业道。

（二）栽植

栽植时间分为秋栽和春栽，秋栽应在10月中、下旬进行，春栽宜在4月中、下旬进行。顺畦栽植2行，距畦边10厘米处开沟，沟深10—12厘米，沟底要平坦一些，行距25厘米。有芽和无芽的种栽要分开栽植，因为它们的出苗期不一致。栽植时与畦边成30—45度角摆放，株距15—20厘米，带有根芽的一反一正，这样做使植株生长有较大的空间。栽植摆放后，在其上面撒入以磷、钾肥为主的复合肥，每亩用量20—25千克，然后覆土3—4厘米，浇透水，水渗透后，再覆土4—5厘米，使2次覆土的厚度达到8—10厘米。秋天栽植时最好加覆盖物，对种有一定的保护作用，在春天返青前撤下，以提高地温，促进生长。

（三）田间管理

在幼苗出土后，随着气温不断升高，植株生长迅速，各类杂草也一样迅速生长，因此要结合除草适当松土。当植株生长到一定的高度时，开始分枝、长叶，待枝繁叶茂后，即转为粗放型管理，随时拔除田间的大型杂草。在秋季茎干枯萎后将其割下来，顺便在畦面上加盖2厘米厚的腐熟厩肥，这样做能够增强对越冬芽的保护作用，同时对第2年的生长起到追肥的作用。以后每年重复上年的田间管理即可。

（四）病虫害防治

虎杖具有较强的抗病虫害的能力，从未发现较为严重的病虫害，基本不需要任何防治。

（五）采收与加工

春、秋二季采挖，除去须根，洗净，趁鲜切短段或厚片，晒干。由于虎杖产量大，人工挖根采收费时费力，建议采收时用小型挖掘机或专用挖药机降低人工成本。

虎杖根及切片图片

参考文献

［1］孙伟. 虎杖栽培技术［J］. 特种经济动植物：2005，4：25.

［2］黄邓珊，辛建峰，毛泳渊，等. 张家界土家族利用虎杖的民族植物学研究［J］. 中国野生植物资源，2007，26（3）：36-37.

［3］曹庸. 虎杖中白藜芦醇提取、纯化技术研究［D］. 湖南农业大学，2001，11.

［4］杨建文，杨彬彬，张艾，等. 中药虎杖的研究与应用开发［J］. 西北农业学报，2004，13（4）：156-159.

十二 浙贝母

一、形态特征

浙贝母为百合科多年生草本植物，鳞茎半球形，直径1.5—6厘米，有2—3片肉质的鳞片。茎单一，直立，圆柱形，高50—80厘米。叶无柄；茎下部的叶对生，罕互生，狭披针形至线形，长6—17厘米，宽6—15毫米；中上部的叶常3—5片轮生，罕互生，叶片较短，先端卷须状。花1—6朵，淡黄色，有时稍带淡紫色，顶端的花具3—4枚叶状苞片，其余的具2枚苞片；蒴果长2—2.2厘米，宽约2.5厘米，棱上有宽6—8毫米的翅。花期3—4月，果期5月。生于海拔较低的山丘荫蔽处或竹林下。浙贝母喜温和湿润、阳光充足的环境。根的生长要求气温在7—25℃，25℃以上根生长受抑制，所以在我州一般秋季种，翌年夏初收。平均地温达6—7℃ 时出苗，地上部生长发育温度范围为4—30℃ ，在此范围内，生长速度随温度升高，生长加快。开花适温为22℃ 左右。–3℃ 时植株受冻，30℃ 以上植株顶部出现枯黄。鳞茎在地温10—25℃ 时能正常膨大，–6℃ 时将受冻，25℃ 以上时就会出现休眠。浙贝母鳞茎和种子均有休眠作用。鳞茎经从地上部枯萎开始进入休眠，经自然越夏到9月即可解除休眠。种子则经5—10℃两个月左右或经自然越冬也可解除休眠。种子发芽率一般在70%—80%。因此生产上多采用秋播。我州花垣县有较大面积浙贝母种植。

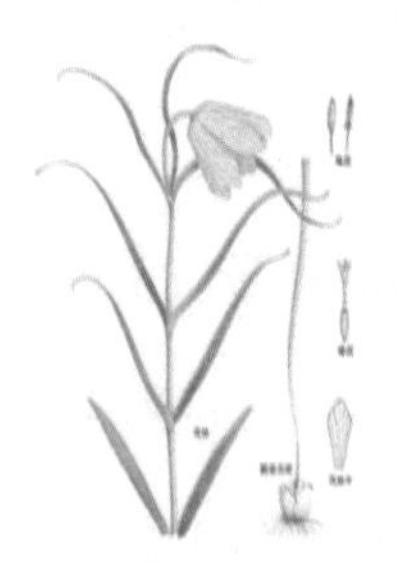

浙贝母花与种子图片

二、药用价值

浙贝母清热化痰，散结解毒。治风热咳嗽、肺痈喉痹、瘰疬、疮疡肿毒。现代药理实验证明，浙贝母有镇咳、降压、升高血糖等作用。

三、市场前景

浙贝母是浙江的道地药材，主要来源于栽培，生长周期为1年，种苗投资大。据不完全统计，浙江产区年产约2500吨。浙贝母是止咳化痰的主要药材，临床应用广泛，传统中成药二母宁嗽丸、养阴清肺丸、通宣理肺丸、羚羊清肺丸、橘红丸、清肺止咳丸等均以浙贝母为主要原料；浙贝母还是较为重要的出口品种，出口日本、韩国、东南亚等国家和地区。从市场流通情况看，用量比其他贝母大，目前国内及出口浙贝母年需求在2300—2800吨之间。花垣县一合作社于吴茱萸林下套种浙贝母，每年10月底至11月初种植，翌年5—6月份采收，亩产鲜贝900—1000千克，当前单价8元/千克，亩产值7000—8000元，除去种苗、人工、土地租金、农资等成本，亩利润800—1000元。

四、栽培技术

（一）选地整地

浙贝母栽培以河流、山脚、大溪两侧的冲击土为最好。土层深厚，富含腐殖质，砂质壤土排水良好，可与前茬作物玉米、大豆、甘薯等轮作。黏壤、过沙的土壤均不适宜。种过浙贝母的地不能连种3次，否则易得病害。地选好后深翻18—20厘米，耙细耙平，做成宽2米、高12—15厘米的畦，畦沟深15—20厘米，宽30厘米左右。每亩施腐熟的厩肥和堆肥2500—5000千克，均匀施入表土层。

（二）繁殖方法

在浙贝母生产中多采用无性繁殖，种子繁殖太慢。

鳞茎繁殖：9—10月上旬，将种子田里的浙贝母挖出来，选种鳞茎，种子田的鳞茎选择标准是鳞茎直径3—5厘米（1千克有8个左右），鳞瓣紧密抱合，芽头饱满，无损伤和病害，边挖边栽。冬季套种的作物及时下种，及时收挖，不影响浙贝母生长，之后再栽商品田，10月末全部种完。

方法：浙贝母种子田的栽培、株行距大小主要由种鳞茎的大小决定。种子要深栽一些，栽浅了，鳞茎抱合不紧，易伤芽，10—15厘米深，种子大深一些，种子小浅一些。株距按12厘米把种子均匀排在沟内，芽向上，栽到边上种要深一些，以免雨水冲刷露出来，栽一行盖一行。在新引种的地方，确定何时栽合适，当见到个别鳞茎在潮湿情况下根已伸出鳞片时已表明到了下种季节。从气温来看，当气温达到22—27℃ 时即可下种。一般每亩用种350千克左右。浙贝母适宜在新造的油茶或木本药材林下套种，种子从下种到出苗需要3—4个月时间，给浙贝母施冬肥。5月中下旬浙贝母地上部已枯萎，除去杂草等枯叶，即可采收，也可不挖，使贝母休眠。

（三）田间管理

1.中耕除草：在浙贝母未出土前和植株生长的前期进行除草，栽后半个月浅除1次草，每隔半个月进行1次，并和施肥结合起来。在施肥之前要除1次草，使土壤疏松，肥料易吸收。苗高12—15厘米抽薹，每隔15天除草1次，或者见草就拔，种子田5月中耕一次。在套种作物收获后，施冬肥很重要，用量大，浙贝母地上部生长仅有3个月。肥料需要期比较集中，仅是出苗后追肥不能满足整个生长的需要，而冬肥能够满足整个生长期，能源源不断地供给养分，因此冬肥应以迟效性肥料为主。重施基肥，在畦面上开浅沟，每亩入粪尿1000千克施于沟内，覆土，上面再盖厩肥、垃圾和饼肥混合发酵的肥料，打碎，2500千克左右，整平，免妨碍出苗。第2年2月苗齐后再浇苗肥，每亩入粪尿750—1000千克，稀释水浇于行间。摘花以后再施一次花肥，方法同上。

2.灌溉排水：浙贝母在2—4月需水多一点，如果这一段缺水，植株生长不好，直接影响鳞茎的膨大，影响产量。整个生长期水分不能太多，也不能太少。雨季要注意排水。

3.摘花：为了使鳞茎充分得到养分，花期要摘花，不能摘得过早或过晚。当花长2—3朵时采较为合适。

（四）病虫害防治

1.灰霉病：一种由真菌引起的病害。发病后先在叶片上出现淡褐色的小点，以后扩大成椭圆形或不规则形病斑，边缘有明显的水渍状环，不断扩大形成灰色大斑；花被害后，干缩不能开花，花柄绞缢干缩，呈淡绿色；幼果被害呈暗绿色而干枯，较大果实被害后，在果皮及果翼上有深褐色小点，不断扩大，逐渐干枯。被害部分在温湿度适宜的情况下，能长出灰色霉状物。一般在3月下旬至4月初开始发生，4月中旬盛发，为害严重。本病以分生孢子在病株残体上越冬或产生菌核落入土中，成为第2年初次浸染的来源。

防治方法：

（1）在浙贝母收获后，清除被害植株和病叶，最好将其烧毁，以减少越冬病原。

（2）发病较严重的土地不连作。

（3）加强田间管理，合理施肥，增强浙贝母的抗病力。

（4）发病前，在3月下旬喷射1 ∶ 1 ∶ 100的波尔多液，7—10天1次，连续3—4次。

2.黑斑病：一种由真菌引起的病害。从叶尖发病，叶色变淡，出现水渍状褐色病斑，渐向叶基蔓延，有的因环境关系不向叶基部深入发展而出现叶尖部分枯萎，病部与健部有明显界限，一般在3月下旬开始发生，直至浙贝母地下部枯死。如在清明前后，春雨连绵使受害较为重，菌丝及分生孢子在被害植株和病叶上越冬，第2年再次浸染为害。

防治方法：同灰霉病。

3.软腐病：一种由病原细菌引起的病害。鳞茎受害部分开始为褐色水渍状，蔓延很快，受害后鳞茎变成糟糟的豆腐渣状，或变成黏滑的“鼻涕状”；有时停止为害，而表面失水时则成为一个似虫咬过的空洞。腐烂部分和健康部分界限明显。表皮常不受害，内部软腐干缩后，剩下空壳，腐烂鳞茎具特别的酒酸味。

防治方法：软腐病的防治必须采取综合的防治措施。

（1）选择健壮无病的鳞茎做种。如起土贮藏过夏的，应挑选分档，摊晾后贮藏。

（2）选择排水良好的砂质壤土种植，并创造良好的过夏条件（见浙贝母过夏部分）。

（3）药剂防治：配合使用各种杀菌剂和杀螨剂，在下种前浸种。如下种前用20%可湿性三氯杀螨砜800倍、80%敌敌畏乳剂2000倍、40%克瘟散乳剂1000倍混合液浸种10—15分钟，有一定效果，但有待继续试验，寻找更安全有效的药剂防治措施。

（4）防治螨、蛴螬等地下害虫，消灭传播媒介，防止传播病菌，以减轻危害。

4.干腐病：一种由真菌引起的病害。鳞茎基部受害后呈蜂窝状，鳞片被害后呈褐色皱褶状。这种鳞茎种下后，根部发育不良，植株早枯，新鳞茎很小。在杭州市郊区干腐病的主要表现是受害鳞茎基部呈青黑色，鳞片内部腐烂形成黑斑空洞，或在鳞片上形成黑褐色、青色大小不等的斑状空洞。有的鳞茎维管束受害，鳞片横切面可见褐色小点。

防治方法：同软腐病。

5.蛴螬：金龟子幼虫，又名“白蚕”。体白色，头部黄色或黄褐色。为害浙贝母鳞茎的主要是铜绿金龟子幼虫。其他金龟子幼虫也为害。蛴螬在4月中旬开始为害浙贝母鳞茎，过夏期为害最盛，到11月中旬以后停止为害。

被害鳞茎成麻点状或凹凸不平的空洞状，似老鼠啃过甘薯一样。有时把鳞茎咬成残缺破碎。成虫在5月中旬出现，傍晚活动，卵散产于较湿润的土中，喜在未腐熟的厩肥上产卵。

防治方法：

（1）冬季清除杂草，深翻土地，消灭越冬虫口。

（2）施用腐熟的厩肥、堆肥，并覆土盖肥，减少成虫产卵。

（3）整地翻士时，拾取幼虫做鸡鸭饲料。

（4）点灯诱杀成虫金龟子。

（5）下种前半月每公顷施375—450千克石灰氮，撒于上面后翻入，以杀死幼虫。

（6）用90%晶体敌百虫1000—1500倍液浇注根部周围土壤。

（7）用土农药石蒜鳞茎进行防治，结合施肥，将石蒜鳞茎洗净捣碎，每50千克粪放3—4千克石蒜浸出液进行浇治。

6.豆芫菁：又名“红豆娘”。主要食害大豆、花生等叶子，也喜吃浙贝母叶片。

成虫喜群集为害，将浙贝母叶片咬成缺口、空洞或全部吃光，留下较粗的叶脉。严重时成片浙贝母被吃成光杆，影响地下部鳞茎产量，但发生不很普遍。

防治方法：

（1）人工捕杀。利用成虫的群集性，及时用网捕捉，集中杀死。但应注意豆芫菁在受惊时会分泌一种黄色液体，能使人的皮肤中毒起泡，因此不能直接用手捕捉。

（2）农药防治。用90%晶体敌百虫0.5千克，加水750千克喷雾，或用40%乐果乳剂400—750千克喷雾。

7.沟金针虫：土名叫“叩头虫”，是危害浙贝母的地下害虫之一。

沟金针虫身体扁平，革质，似针状，尾节分叉，并稍向上弯曲，身体背面中间有一条纵沟，故得此名。沟金针虫在土中为害鳞茎，在鳞片上常见约0.2厘米大小的穿洞。

沟金针虫生活史很长，完成一个世代要经过3年左右的时间。幼虫期最长，其活动受土壤温湿度影响很大。当冬季气温降低时，它就钻到30厘米以下甚至更深的土里越冬；春季上升活动，为害的时间比其他地下害虫早，一般当早春10厘米土温达到6℃ 时，就开始上升活动，为害浙贝母。

防治方法：改变地下害虫的生活条件，将害虫翻出土面，使其受天敌和自然环境的影响而死亡。在沟金针虫化蛹时，将蛹室破坏，可使其大量死亡。

8.葱螨：体很小，成虫体长0.07厘米左右，灰白色，有足4对，赤褐色，背面有2个近圆形点（食团），经常群集寄生于鳞茎内，使鳞茎腐烂。葱螨从卵经幼虫到成虫，经9—30天。温度在25℃左右时繁殖最快，每条成虫可产卵50—100粒，多的在500粒以上，所以繁殖很快；温度在10℃以下及干燥的环境能限制它的活动及繁殖。

葱螨为害浙贝母鳞茎主要是在过夏期间，在下种后及收获前的一段时间内也能为害。被害的鳞茎呈凹洞或整个腐烂，但可见部分维管束残体。常与其他病害混在一起。

防治方法：

（1）室内贮藏的鳞茎在起土后适当摆放7—10天，使葱螨在干燥环境下死亡或离开鳞茎。贮藏前将腐烂及有葱螨的鳞茎选出，分别贮藏。贮藏期间湿度不能太大，并适当翻动，使湿度不利于葱螨的繁殖。

（2）下种前严格挑选种子，把腐烂有葱螨的剔除。

（3）下种前结合防病，用杀螨杀虫剂与杀菌剂混合浸种（见干腐、软腐病的药剂防治）。

豆芫菁及沟金针虫图片

（五）采收与加工

加工分为洗泥、挖心、去皮、晒干4个步骤。

收获时将元贝与珠贝分开，元贝即大鳞茎，直径3—6厘米,鳞片形似“元宝”，俗称“元宝贝”，珠贝形小，直径在3厘米以下，两瓣相连未去心蒂，形似“算盘珠”，俗称“珠贝”。每300千克鲜贝母加工后可得干贝母100千克。若采收浙贝母正值雨季，必须选晴天，并预测在三四天内不下雨为佳，否则不易保管。

将采收的浙贝母盛于竹箩内，洗去泥土，将每个元贝挖开，挖去心芽，珠贝不需挖心芽手续；加工时将元贝、珠贝分别处理，并装进特制的1米长船形木斗内，悬于三角木架上，由两人操作两端木柄，来往推动，使浙贝母互相摩擦至表皮脱净、浆液渗出为止。

每100千克鲜贝母加石灰3.5千克，继续推动撞击，等没有声音时，浙贝母已全部涂满石灰，再倒出盛放至篮内，经1夜，待石灰渗透，次日即利用日光暴晒6—7天，隔1—2天再晒到表里纯干。如起土后适逢阴雨，可在通风处摊放阴干，或用烘灶烘焙干燥，应注意火力不宜过猛，并经常上下翻动，以免成为僵贝（熟贝母），延期烘焙则质地疏松（俗称松泡），均会降低品质与药效。花垣种植大户采取的是切片烘干。

浙贝母切片加工

参考文献

[1] 国家药典委员会.中华人民共和国药典（一部）[M]. 北京：化学工业出版社，2000：274.

[2] 王翰华，周书军，张林苗.鄞州浙贝母产业现状及发展对策[J].浙江农业科学，2010（4）：755-756.

[3] 何伯伟，周书军，陈爱良.浙贝母浙贝1号特征特性及栽培加工技术[J].浙江农业科学，2014（6）：833-835.

十三 白及

一、形态特征

白及为兰科多年生草本植物，又名互叶醉鱼草、紫兰、连及草，生长在潮湿的苔藓中。品种多，有小白及、水白及、黄花白及、紫花白及、白花白及、三叉白及、巨茎白及、金顺白及、甘根白及，各品种的产量不同，而且药用价值也都不同，各有各的优势。白及的花期在春季，花色繁多，常见的有紫、白、黄、粉、蓝等颜色，盆栽可以点缀室内、花园等，尤为好看。分布华东、中南、西南及甘肃、陕西等地。以贵州产量最大，质量最好。我州古丈有紫花白及种植。

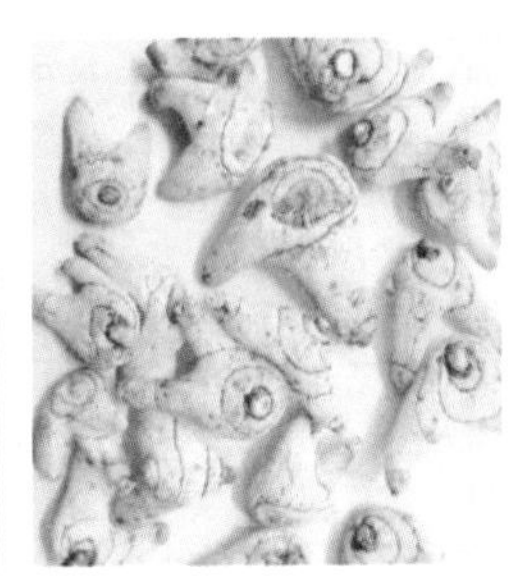

白及花与块茎图片

二、药用价值

味苦、甘、涩，性微寒，归肺、肝、胃经。有收敛止血、消肿生肌之功效，用于内外出血诸症及痈肿、烫伤、手足皲裂、肛裂等。

三、市场前景

白及的生长周期为3年，所以种植白及要3年左右才能收获。以前市场上的白及以野生白及为主，现以人工种植的为主。随着白及市场需求量增大，价格较前几年大幅上涨。但由于人工种植发展快，最近两年价格又下跌较厉害。目前，通过科学的种植方法，白及亩产量大大增加，一般每年成3倍增产，发展快，价格下降很快。因此，种植白及应慎重并及时掌握市场供求信息。

四、栽培技术

（一）选地整地

用旱地种植，选择疏松肥沃的砂质壤土和腐殖质土壤，把土翻耕20厘米以上，每亩施农家肥1000千克，没有农家肥可撒施复合肥50千克，再翻地使土和肥料拌均匀。栽植前浅耕一次，把土整细、耙平，做宽1.3—1.5米的高墒。

（二）种植

选择驯化好的白及块茎，每块带1—2个芽，蘸草木灰后栽种。开沟沟距20—25厘米，深5—6厘米，按株距10—12厘米放块茎一个，芽向上，填土、压实、浇水、覆草，经常保持潮湿，3—4月新芽出土。

（三）田间管理

1.中耕除草。种植后喷洒乙草胺封闭，覆盖上一层松毛，以墒为单位，采用拱架支撑，并加盖遮阴网，以利白及出苗齐。5—6月是白及生长的旺季，杂草也长得快，需进行除草，除草时要浅锄，避免伤根。

2.追肥。白及是喜肥植物，每个月喷施一次磷酸二氢钾，7—8月停止生长进入休眠，要防止杂草丛生。

3.灌溉和排水。白及喜阴，应经常保持湿润，干旱时要浇水。白及怕涝，大雨及时排水，避免伤根。

（四）病虫害防治

烂根病在雨季发生严重。防治方法：注意排涝防水，深挖排水沟。地老虎、沟金针虫可人工捕杀诱杀或拌毒土，也可用益富源催芽生根液700倍液浇施。

（五）采收与加工

白及种植2年后，当9—10月地上茎枯萎时，将块茎单个摘下，选留新干的块茎做种用。剪掉茎干，在清水中浸泡1小时后洗净泥土，放入沸水中煮5—10分钟，取出晒干。

参考文献

[1] 国家药典委员会.中华人民共和国药典（一部）[M].北京：化学工业出版社，2000：95.

［2］罗丽，许春艳. 泸水县林下紫花大白及仿野生种植与应用前景分析［J］. 绿色科技，2016（21）.

［3］徐助华. 浅论白及的种植前景与高效栽培技术［J］. 农村经济与科技，2019，30（02）：33-34.